Ernst Weberstorfer

# Arbeit mit Tensoren
# Theorie & Praxis

Gewidmet meiner Tochter Miriam, die mir durch ihre Krankheit ein völlig neues Weltbild eröffnet hat, und mit Vorbehalt all jenen, die immer noch an allem zweifeln, was nicht auf Anhieb direkt beweisbar zugeordnet werden kann, und keinen Schritt von dem einmal Erlernten abweichen.

Ernst Weberstorfer

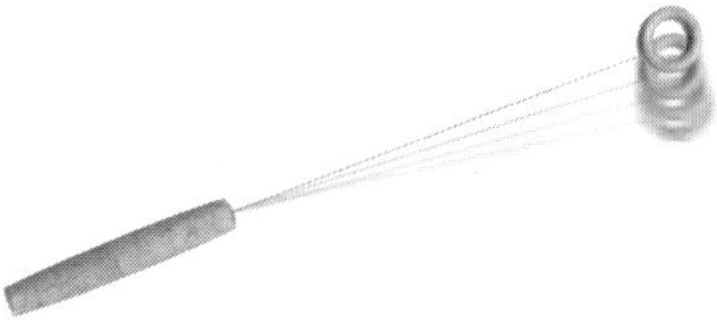

# Arbeit mit Tensoren

## Theorie & Praxis

freya
VERLAG

ISBN 978-3-901279-48-5

www.freya.at


Cover, Layout: Wolf Ruzicka
Zeichnungen: Heinz Wiesmeier
Lektorat: Johann Schnellinger
gedruckt in EU

# INHALT

# Vorwort

*Alterius non sit, qui suus esse podest.*
*(Eines anderen sei nicht, wer er selbst sein kann.)*
*Paracelsus*

Es ist, niemand wird das bestreiten, alles zu jeder Zeit und immer im Wandel. Zu manchen Zeiten jedoch gehen die Veränderungen schneller vor sich, einschneidender, spürbarer; die Grenzen des Bisherigen stehen dann eindringlich und unabweisbar vor dem Bewußtsein der Menschen. Alte Dogmen zerbrechen auf der Suche nach einer neuen Orientierung. In der Renaissance war Europa im Aufbruch, ein altes Weltbild stürzte in sich zusammen (so wurde schließlich Galilei - *und sie bewegt sich doch ... die Erde um die Sonne* - von der römisch-katholischen Kirche, wenn vielleicht auch etwas spät, etwa um 1992 [!], recht gegeben), und es bahnt sich auch heutzutage wieder eine massive *Wendezeit* an. Recht besehen, leben wir schon in ihr.
Selbstverständlich macht dieser Strom nicht vor der Medizin halt, deren Grenzen deutlich sind wie selten zuvor. Was ist aus all den Verheißungen geworden?
Die Menschen sind (chronisch) krank wie nie, neue erschreckende Krankheiten tauchen auf ... Das Leben läßt sich nun einmal nicht in technisch-chemische Kriterien pressen.
Scheint es da nicht an der Zeit, denen, die es wollen, denen, die danach suchen, andere Möglichkeiten vorzuschlagen? Suchen sie denn umsonst, ganz ohne Grund? Sind alle verantwortungslose Scharlatane, denen das Ohr geliehen wird? Stetig nimmt die Zahl der Patienten zu, die nach anderen Behandlungsmethoden Ausschau halten und auch Ärzte finden, die aufgeschlossen sind, die nicht tun, was *üblich* ist, die mit großem Unbehagen den Zustand der heutigen Medizin erkennen und nach anderen, tatsächlich den Gesetzen der Natur entsprechenden Formen der

Behandlung suchen. Und es gilt, daß zwischen Arzt und Patient *Homöopathizität* herrschen muß, also eine Ähnlichkeit, damit das Verhältnis fruchtbar sein kann ...

Eine Möglichkeit, die in den letzten Jahren an Bedeutung gewonnen hat, ist die Unterscheidung von Heilmitteln mit Hilfe von biologischen Resonanzen, die sich am allereinfachsten mittels eines Tensors, der Einhandrute, darstellen lassen. Allerdings gibt es eine wichtige Voraussetzung. Das kann ausschließlich bei vollkommener Vorurteilslosigkeit und emotionaler Ungebundenheit funktionieren, auch nur bei dem, der ohne Streben nach Erfolg (und persönlicher Eitelkeit) damit umzugehen weiß. Denn das vegetative Nervensystem ist es, das arbeitet und vergleicht, das Ähnlichkeiten und Resonanzen aufzuspüren in der Lage ist und das feine Impulse an die Muskulatur weitergibt.

Ich als klassischer Homöopath bin dankbar, diese einfache und vielleicht sicherste Möglichkeit der Arzneidifferenzierung vor einigen Jahren kennengelernt zu haben. Die tägliche Praxis der Arzneifindung hat sich dadurch gleichsam revolutioniert. Und auch in manchen Familien hat der Tensor Einzug gehalten zur Unterscheidung der Mittel aus der Hausapotheke. Dem homöopathisch arbeitenden Arzt ist es ein Vergnügen, mit Patienten zusammenzuarbeiten, die sich erstens Gedanken machen und zweitens in der Lage sind, vorgeschlagene Arzneimittel selber zu unterscheiden, da er - wegen der Entfernungen - in akuten Fällen oft genug nur telefonisch erreichbar ist.

So kann man also nur wünschen, daß diese Möglichkeit zur Arzneifindung viel Verbreitung findet bei Ärzten und interessierten Patienten.

*Dr. med. Klaus Bielau, praktischer Arzt und Lehrbeauftragter für Homöopathie an der Universität Graz*

# Bemerkungen

Zu einer Zeit des Höher-, Weiter-, Schnellerdenkens, zu einer Zeit der raffiniertesten diagnostischen "Maschinerien" ist es schon ein mutiger Akt, in eine ärztliche Praxis ein uraltes Gerät einzuführen und ständig zu benützen; ich spreche von der Einhandrute.

Was Hexen, Magier, Wünschelrutengänger und viele mehr in der Vergangenheit praktizierten, wofür sie den Feuertod fanden oder ihrer Heimat verwiesen wurden, habe ich nach schwerer Erkrankung meines Sohnes und auch nach eigener Erkrankung in meiner Praxis eingeführt. Für mich habe ich beschlossen, mein auf dem neuesten Stand der "Schulmedizin" stehendes Wissen durch natürliche Heilweisen und alternative Test- und Diagnosemethoden zu ergänzen. Ernst und Judith Weberstorfer haben die Einhandrute in diesem Buch beschrieben, und ich danke ihnen dafür.

Nicht nur für Menschen ist dieses Gerät eine Hilfe, auch kranken Tieren und Pflanzen kann mit dem Tensor geholfen werden. In der Hand einer/eines seriösen Anwenderin/Anwenders ist das Gerät ein großes Geschenk.

Ich wünsche diesem Buch Erfolg und den Suchenden viel Freude.

*Dr. med. dent. Jürgen Lehmann, Garmisch-Partenkirchen*

*Der Mensch an sich selbst, insofern er sich seiner gesunden Sinne bedient, ist der größte und genaueste physikalische Apparat, den es geben kann, und das ist eben das größte Unheil der neueren Physik, daß man die Experimente gleichsam vom Menschen abgesondert hat und bloß mit dem, was künstliche Instrumente zeigen, die Natur erkennen, ja, was sie leisten kann, dadurch beschränken und beweisen will.*

*Johann Wolfgang von Goethe*

## Wie kam es zu diesem Buch?

Als gelernter Techniker ist man gewöhnt, daß alles meßbar und beweisbar nachvollzogen werden kann.

Als totaler Realist habe ich mich in meiner Rolle auch sehr wohl gefühlt. Spirituelle Dinge, wie "Wenden" (Gesundbeten), Handauflegen, Pendeln usw., die in unserem kleinen Ort noch von einigen älteren Damen und sogar vom Mesner ausgeübt wurden, habe ich nicht nur belächelt, sondern bei Diskussionen darüber sehr massiv ins Lächerliche gezogen. Nachdem ich weder gläubig im Sinne von Religion noch leichtgläubig war, habe ich auch alle sichtbaren Erfolge in diesem Bereich als Einbildung und Placeboeffekt abgetan.

An dieser Situation sollte sich aber in den nächsten Jahren einiges ändern.

Nach einigen Jahren wurde meine erste Tochter Miriam geboren - ein quicklebendiges Mädchen, schwarze Haare und natürlich ganz der Papa.

Nach dem Abstillen stellten sich jedoch erste Hautprobleme bei Miriam ein. Diagnose "Neurodermitis", eine aus schulmedizinischer Sicht unheilbare Hautkrankheit, deren Juckreiz man nur mit Cortison etwas lindern kann.

Meine Frau hatte damals kein Vertrauen in diese Behandlungsmethode und suchte verzweifelt nach Alternativen.

Wir wissen heute nicht mehr, woher wir dann die Information bekamen, daß ganz in unserer Nähe sich jemand mit "Bioresonanztherapie" beschäftigte.

Bei Miriam wurde eine Weizenallergie diagnostiziert, und die Therapie bestand darin, daß sie drei Monate lang keine Produkte mit Weizeninhalt zu sich nehmen durfte. (Heute ist dieser Zeitraum durch die Weiterentwicklung der Bioresonanz wesentlich kürzer.) Zusätzlich mußte meine Tochter jede Woche zu einer sogenannten Löschung in die Praxis kommen.

Eine solche Löschung dauert etwa 10 Minuten, und man hat dabei nur zwei Metallkugeln in der Hand zu halten. Die eigentliche Löschung wird von einem computerähnlichen technischen Gerät durchgeführt.

Ich, der Realist, habe freilich von dieser Methode nicht viel gehalten - aber was probiert man nicht alles?
Von einem Finanzbeamten habe ich dann erfahren, daß man für Kinder mit dieser Krankheit eine erhöhte Familienbeihilfe bekommt. Dazu braucht man einige Formulare und eine Bestätigung eines Arztes.

Wenige Tage später fuhr ich mit meiner Tochter in ein Kinderkrankenhaus. Die zuständige Ärztin bestätigte nach einem kurzen Blick auf Miriams Handflächen die Diagnose. Ganz beiläufig erwähnte ich, daß wir versuchen, mit Bioresonanz diese Krankheit in den Griff zu bekommen.

Jetzt wurde die so freundliche Frau Doktorin plötzlich richtig aggressiv und sagte wörtlich: "Hören Sie sofort mit diesem Blödsinn auf! Das ist nur Humbug und Geldverdienerei. Von Ihrer geistigen Einstellung her wäre es viel besser, Sie finden sich damit ab, daß Sie ein unheilbar krankes Kind haben. So helfen Sie Ihrem Kind viel mehr, als wenn Sie mit ihm diesen Blödsinn machen."

Ich als Realist habe natürlich dieses Gespräch genauso an meine Frau weitergegeben und sie gebeten, mit der Behandlung aufzuhören, denn wenn ein Arzt etwas sagt, muß das wohl stimmen.

Ihre Reaktion darauf war, daß sie etwas entmutigt und um eine Hoffnung ärmer schien: "Wir haben damit begonnen, jetzt ziehen wir das auch durch; wenn's nichts nützt, schadet's wenigstens nicht."

Einige Wochen später saßen wir alle gemeinsam in einem Restaurant. Unsere Tochter nahm eine Semmel in den Mund, erinnerte sich aber daran, daß sie die nicht essen durfte, und spuckte den abgebissenen Teil sofort wieder aus.

Am nächsten Tag trauten wir unseren Augen nicht: Miriam hatte am ganzen Körper rote Flecken und teilweise aufgerissene Haut. Das Ganze war mit einem sehr starken Juckreiz verbunden.

Das war der Zeitpunkt, zu dem ich mich das erstemal wirklich gedanklich mit der Bioresonanz beschäftigte.

Wie ist es möglich, daß etwas, das nur Humbug und Geldverdienerei ist, solche Auswirkungen hat? Diese Frage beschäftigte mich so stark, daß ich extra einen wichtigen geschäftlichen Termin im Ausland verschob, um bei der nächsten Bioresonanzlöschung meiner Tochter dabeizusein. Hier habe ich das erstemal in meinem Leben einen Tensor gesehen. Der Therapeut hatte ein Gerät in der Hand, vergoldet, auf der einen Seite des Griffes ein langer Draht und an dessen Ende eine Metallscheibe. Dieser sogenannte Biotensor war nicht mit dem Bioresonanzgerät verbunden und dadurch aus meiner Sicht kein Meßgerät, mit dem ein Techniker etwas anfangen kann.

Nach dieser Behandlung hielt er den Tensor zwischen ein Glasfläschchen mit mir damals unbekanntem Inhalt und meine

Tochter. Plötzlich bewegte sich der Tensor in irgendeine Richtung, der Therapeut machte ein sehr zufriedenes Gesicht und sagte: "Jetzt ist Ihre Tochter wieder gesund."

Um sicherzugehen, daß ich diese Situation richtig erfaßt hatte, fragte ich noch nach, womit er das festgestellt hatte und was das jetzt für unsere Tochter bedeutete.
Seine Antwort: "Festgestellt habe ich das mit dem Biotensor. Und für Ihre Tochter bedeutet das, daß sie jetzt wieder alles essen kann."

Jetzt wurde es mir endgültig zu bunt, und ich mußte an die Worte der Kinderärztin denken. Es ist also doch nur Humbug und Geldverdienerei! Wie sollte es möglich sein, daß drei Wochen, nachdem Miriam in ein Weizenbrot gebissen und enorme Reaktion gezeigt hatte, jemand mit so einem komischen Ding, das nicht einmal ein Meßinstrument sein kann, feststellt, daß sie jetzt wieder alles essen kann?

Mein vorher auch nicht sehr großes Vertrauen in die Alternativmedizin war jetzt auf den Nullpunkt gesunken.
Wieder zu Hause angekommen, freute sich meine Tochter natürlich auf etwas, worauf sie sehr lange verzichten mußte: frisches weißes Weizenbrot. Selbstverständlich nicht nur eine, nein, gleich zwei Schnitten mußten es sein.

Am nächsten Morgen war mein erster Weg natürlich ins Kinderzimmer, um endlich meiner Frau ein für allemal zu beweisen, daß alles Humbug und Blödsinn war. Doch siehe da: kein roter Fleck, keine aufgesprungene Haut, kein Juckreiz ... Wie war das möglich?

Um es gleich vorwegzunehmen: Diese Symptome sind auch nie wieder aufgetreten. Wir haben seit diesem Tage ein völlig gesundes Kind, geheilt mit einer Methode, mit der bis heute die meisten Schulmediziner nichts anfangen können. Das geht so weit, daß beispielsweise in Tirol und in Teilen Bayerns die

Bioresonanz von der Krankenkasse bezahlt wird; andererseits kenne ich persönlich einen Fall, in dem ein Therapeut wegen Kurpfuscherei von einem klassischen Schulmediziner geklagt wurde, weil er solche Blödheiten wie Bioresonanztherapie macht. Im gegenständlichen Fall verfügt der Therapeut über eine mehr als zehnjährige Erfahrung mit Bioresonanz und hat verzweifelten Menschen nicht nur geholfen, sondern auch viele völlig geheilt.

Ich könnte hier noch sehr viele Beispiele anführen, das würde aber den Rahmen dieses Buches sprengen.

Diese Erfahrung war sowohl für meine Frau als auch für mich richtungweisend für unsere gemeinsame Zukunft.

Ich höre sie noch heute die Worte sagen: "Jetzt weiß ich, was ich in Zukunft machen werde. Ich will in diesem Bereich arbeiten, egal welchen Aufwand das bedeutet und welchen Einsatz ich dafür leisten muß."

So war es dann auch: Meine Frau machte die Grundausbildung für Bioresonanz in einem deutschen Institut und arbeitet seither bei verschiedenen Ärzten und Therapeuten. Die hier gemachte Erfahrung, Menschen, die verzweifelt sind und teilweise von der Schulmedizin als unheilbar aufgegeben wurden, helfen zu können, gehört sicher zu den schönsten in ihrem Leben.

Mein Interesse galt aber diesem komischen Meßinstrument, dem Tensor. So einfach das klingt, so schwierig wurde dann die Befriedigung dieser Neugierde.

Bei einem der Ausbildungsseminare erstand meine Frau einen Biotensor und war sehr enttäuscht, daß er bei ihr nicht funktionierte. Bei mir allerdings bewegte er sich, wie in der Bedienungsanleitung angegeben.

Aber einem Techniker ist das zuwenig; ich wollte wissen, warum sich dieses Ding bewegt. Jetzt begann eine Jagd nach Informationen, die länger als drei Jahre dauern sollte.

Anfangs war das Ganze für mich eine einfache Sache. Durch die Kontakte meiner Frau zur Bioresonanz kannten wir einige Ärzte, die mit Tensoren im Diagnosebereich arbeiteten.

Mein erster Besuch bei einem damals schon sehr bekannten Arzt in Wien war nicht sehr erfolgreich. Er konnte mir zwar einige sehr interessante Arbeitsbeispiele zeigen, aber auf meine Frage, warum dieser Tensor denn funktioniert, erhielt ich die Antwort: "Keine Ahnung, aber es geht."

Auch bei diversen anderen Informationsquellen ging es mir ähnlich. Dazu kam noch, daß es keine Einigkeit über die Art der Bewegung gab. Der eine Arzt sagte, wenn der Tensor auf- und abgeht, hat der Patient eine Allergie. Der andere Arzt behauptete genau das Gegenteil. (Wie Sie in diesem Buch noch erfahren werden, hatten beide recht.) Völlig entnervt über meine Recherchen, gab ich vorerst auf.

Bis zu dem Tag, an dem mir in einer Fachlektüre ein Inserat ins Auge stach: Dr. Josef Oberbach, Erfinder und Entwickler des Biotensors, hielt in München ein Anfängerseminar über den Biotensor ab.

Meine Freude war groß, sofort wurde trotz des relativ hohen Seminarbeitrags gebucht, und zwei Wochen später betrat ich mit Spannung den Seminarraum. Der erste Schock: Etwa 70 (!) Seminarteilnehmer, alle bereits mit viel Erfahrung im Umgang mit dem Gerät, waren im Auditorium versammelt.

Dr. Oberbach, übrigens ein Physiker, war über achtzig Jahre alt, und es war sehr schwer, seinen Ausführungen zu folgen. Es wurde schnell damit begonnen, anhand von kopierten Bildern auszutesten, ob die darauf abgebildeten Personen an Krebs, an Aids oder an anderen schweren Krankheiten gestorben waren.

Meine Versuche, in den Pausen einige Seminarteilnehmer "anzubohren" und hier ein paar Grundinformationen zu erhalten, schlugen fehl.

Ich möchte nicht an den Fähigkeiten und an den enormen Forschungsarbeiten des Dr. Oberbach zweifeln, aber es war ganz einfach kein Anfängerseminar und für mich ein bißchen zu “mystisch”.

Da stand ich nun wieder am Anfang meines Weges und wartete auf den berühmten “Zufall”.

In meiner beruflichen Tätigkeit im Bereich Naturprodukte veranstalteten wir des öfteren Seminare für unsere Kunden, in denen wir immer wieder Vortragende einluden, die über ganz andere Inhalte referierten.

Ich kann mich noch genau erinnern, es war in der Nähe von Salzburg in einem wunderschönen Hotel, wo ein gewisser Dr. Lehmann, Zahnarzt aus Garmisch-Partenkirchen, einen Vortrag über alternative Zahnheilkunde hielt.

Nach diesem Seminar saßen wir noch einige Zeit auf der Terrasse des Hotels und unterhielten uns über Gott und die Welt. Nachdem irgendeine Frage aufgetaucht war, holte dieser Dr. Lehmann einen Tensor aus dem Auto und machte damit einige Messungen. Selbstverständlich kam sofort meine Standardfrage, warum das mit dem Tensor funktioniert.

“Das kann man so einfach nicht beantworten, aber meine Frau hält darüber Seminare ab.”

Das war’s fast! Bei Frau Lehmann habe ich das erstemal wirklich gelernt, wie man mit Tensoren arbeitet. Den eigentlichen Hintergrund, warum ein Tensor funktioniert, habe ich dann allerdings erst später in der Kinesiologie gefunden.

Nun aber brach wieder der Techniker in mir durch. Mittlerweile ausgestattet mit einigem Wissen, machte ich mich an die Arbeit und konstruierte einen Tensor, der eigentlich für die Bioresonanztherapie gedacht war. Ziel dieser Entwicklung war, einen Tensor zu konstruieren, der sehr leicht, energetisch perfekt zusammengesetzt und dadurch für längeres Arbeiten ideal geeignet ist. Herausgekommen ist ein Produkt, das aufgrund des guten Preis-Leistungs-Verhältnisses und seiner enormen Sensibilität immer mehr auch für die private Nutzung verwendet wird. Mittlerweile sind wir die weltweit größten Produzenten von Tensoren und Einhandruten.

Mit dem Schreiben dieser Broschüre wird aber mit Sicherheit kein Schlußstrich gezogen. Viele Ideen warten auch in Zukunft noch auf ihre Umsetzung. Gemeinsam und mit viel Freude werden wir in diesem schönen Bereich weiterarbeiten.

# Teil 1
# Theorie

## Geschichte

Wenn man beim Ursprung beginnen will, muß man sich im Bereich der Radiästhesie oder des Pendelns umsehen. Das Wort "Radiästhesie" wurde von einem französischen Priester namens Abbé (Abt) Bouly erstmals erwähnt.

Der Name setzt sich aus dem lateinischen Wort "radius" für "Strahl" und dem griechischen Wort "aisthesis" für "Empfindsamkeit" zusammen.

Wir kennen das Wort "Radiästhesie" meist aus dem Bereich Erdstrahlen und Wasseradern. Eigentlich faßt es aber alle Bereiche des Strahlungsspektrums zusammen: die mineralischen, die pflanzlichen, die tierischen und die menschlichen.

Nach dem Ersten Weltkrieg wurde die Radiästhesie in ganz Europa bekannt. Bouly und ein weiterer französischer Abbé namens Mermet organisierten in Paris mehrere Kongresse zum Thema "Radiästhesie", wobei sich der Informationsaustausch eher auf das Pendel bezog.

Abt Mermet wurde in ganz Europa als der "König der Pendler" berühmt. Vom kleinen Mann bis hin zum Vatikan wurde die Arbeit Mermets mit großem Interesse verfolgt. Die französische "Nationalgesellschaft für öffentliche Wohlfahrt" verlieh ihm einen begehrten Preis.

Der amerikanische Arzt Dr. Albert Abrams, ein Pionier auf dem Gebiet der Pendelforschung, publizierte 1922 ein Buch über die Anwendung des Pendels bei der Diagnose von Krankheiten. Damit war der erste Schritt zur "medizinischen Radiästhesie" getan.

Abrams' Forschungsassistent, Dr. Eric Perkins, hielt 1943 vor der "British Society of Dowsers" (der "Britischen Gesellschaft für Radiästheten") eine Vorlesung, in der er Abrams' erste Entdeckung erläuterte und auf völlig neue Einsatzmöglichkeiten des

Pendels im medizinischen Bereich hinwies. Trotz der enormen Erfolge wurde Abrams von seinen Kollegen natürlich nicht ernst genommen.

Der Franzose André Bovis setzte das Pendel ein, um die Qualität und Frische von Lebensmitteln zu bestimmen. Bovis, Abrams und Bouly waren nur einige der vielen "Pendelpropheten" in der ersten Hälfte des 20. Jahrhunderts.

Paris war das Mekka der Pendler und Rutengänger. Das älteste Fachgeschäft für radiästhetische Hilfsmittel ist ein kleiner Laden, genannt "Maison de radiesthésie". Die Regale sind dort voll mit all jenen Büchern und Schriften, die über das Thema "Pendeln" erhältlich sind. Viele dieser Bände wurden von den bekanntesten französischen Ärzten geschrieben.

Der bis heute wahrscheinlich berühmteste Wissenschafter, der sich auf das eingehendste mit der Anwendung des Pendels befaßte, ist der Nobelpreisträger Dr. Alexis Carrel.

Pendeln ist die Wiederentdeckung und Erneuerung der alten Prophezeiungskräfte der Priester, Weisen, Hexen und Zauberer.

Die Gabelung oder Trennung von der sogenannten Einhandrute und dem Pendel vollzog sich Anfang der dreißiger Jahre dieses Jahrhunderts.

Der italienische Professor Pasquini nannte seinen ersten Tensor "Aurameter", weil er ihn in erster Linie für die Messung der menschlichen Aura benutzte. Später wurde diese Entdeckung vom Amerikaner Dr. Christopher Hills und in Deutschland von Dr. Josef Oberbach, dem Erfinder und Entwickler des Biotensors, wieder aufgegriffen und weiterentwickelt. Heute ist der Tensor in den meisten Praxen der ganzheitlich arbeitenden Ärzte nicht mehr wegzudenken. Durch seine einfache und logische Wirkungsweise verschafft er sich Zutritt in alle Bereiche des täglichen Lebens.

## Warum funktioniert ein Tensor?

Bei meinen Recherchen in diesem Bereich bin ich auf zwei Arten von Theorien gestoßen.

Die eine Seite ist die mystische, von religiösen Gegnern oft verwendet, die besagt, daß der Tensor oder die Tensorantenne von Engeln, Geistwesen, Teufeln etc. mechanisch bewegt wird. Daher sollte man sich von solchen okkulten Dingen fernhalten, um nicht im mystischen oder sogar schwarzmagischen Bereich zu experimentieren.

Die zweite Gruppe sind die realistischen Physiker, die die Theorie vertreten, daß auch der Tensor nach rein physikalischen Gesetzmäßigkeiten funktioniert.

Es stimmt beides nicht, wie ich später noch beweisen werde. Um dieses Thema besser verstehen zu können, möchte ich Ihnen anhand einiger Beispiele etwas klarmachen.

Sicher ist es Ihnen schon passiert, daß bei größeren Menschenansammlungen (z. B. in der Straßenbahn) jemand neben Ihnen gestanden ist, den Sie, ohne ihn vorher je gesehen zu haben, als unangenehm empfunden haben.

Öfter passiert es umgekehrt: Sie spüren eine positive Energie von jemandem ausgehen, den Sie visuell noch gar nicht bemerkt haben. Worauf ich hinauswill, ist, mit diesen Beispielen zu beweisen, daß der Mensch Dinge spürt, bevor er sie geistig assoziieren kann.

Das nächste Beispiel geht noch weiter: Sie kennen sicher in Ihrem Verwandten- oder Bekanntenkreis Menschen, bei denen Sie schon nach kurzen, unwichtigen Gesprächen (sei es nur über das Wetter) merken, daß Sie sich plötzlich nicht mehr wohl fühlen.

Oder umgekehrt unterhält man sich manchmal mit Menschen, von denen man freudig und energiegeladen weggeht.

Was ist passiert? Es geschehen im energetischen Bereich Dinge, deren Wirkung wir eindeutig spüren, aber meistens geistig nicht zuordnen können. Wenn Sie dieses Phänomen einmal bewußt beobachten, werden Sie merken, daß es sogenannte Energiesauger und Energiespender gibt.

Werten Sie das nicht voreilig als positiv oder negativ! Hier handelt es sich um einfache energetische Gesetzmäßigkeiten, die nicht "positiv" oder "negativ" sind, sondern einfach nur "sind".

Ein "Energiesauger" holt sich nicht bewußt Ihre Energie, genauso geben Sie unbewußt Ihre Energie freiwillig her.

Auffällig ist nur, daß es oft dieselben Leute sind, die intuitiv spüren, wo "etwas zu holen" ist. Auch hier sehen wir wieder, daß uns die Intuition führt, ohne daß wir bewußt handeln.

Ein weiteres Beispiel, das sicher jeder von uns kennt, ist, daß man an jemanden denkt, und plötzlich läutet das Telefon oder diejenige Person steht vor der Tür. Was ist passiert? Wiederum war es unser Unterbewußtsein, das etwas spürt, das nicht durch reale Wahrnehmung erklärbar ist. Das Ganze als Zufall abzutun ist zwar die einfachste, aber sicher nicht die zufriedenstellendste Antwort für jenen, der es genau wissen will und aufgrund seiner Neugierde etwas hinter die Kulissen blickt.

Es gibt genügend Bereiche, die unsere Vorstellungskraft übersteigen; darum sollten wir uns gerade bei den einfacheren und spürbaren ein wenig Gedanken darüber machen, um so eine gewisse persönliche Weiterentwicklung nicht zu verhindern.

Das letzte und anschaulichste Beispiel für diese Zusammenhänge finden wir in der Kinesiologie. Der sogenannte Muskeltest beweist am anschaulichsten, wie unser Körper auf Schwingungen verschiedenster Art von außen reagiert.

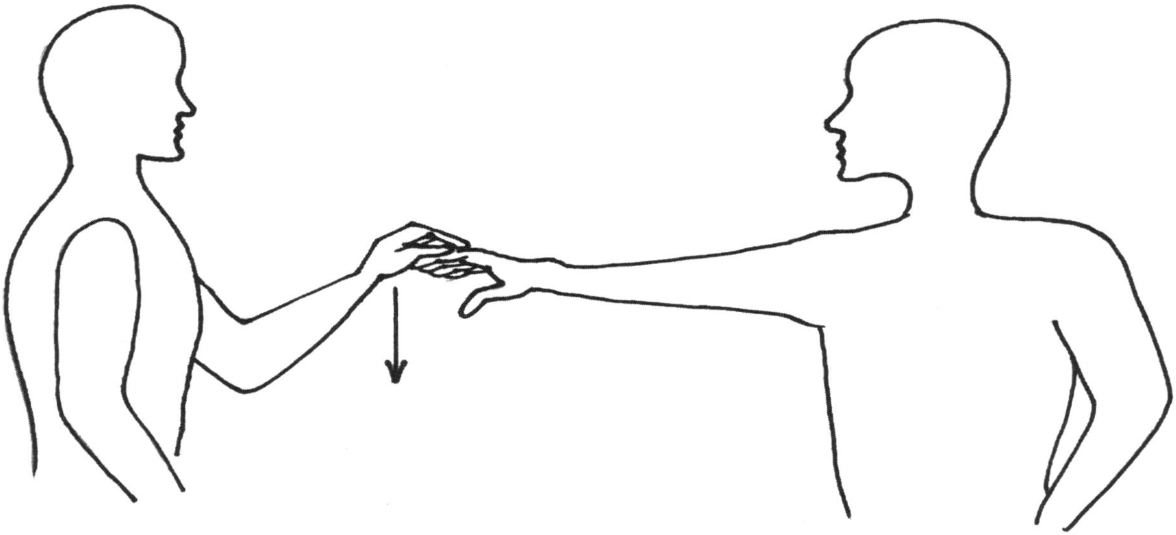

Bei diesem Test stellen Sie sich gerade hin, strecken Ihre rechte Hand (Linkshänder die linke) waagrecht aus. Eine zweite Person versucht nun, Ihre Hand hinunterzudrücken, und mißt so mechanisch die Kraft Ihres Körpers, die Hand oben zu halten.

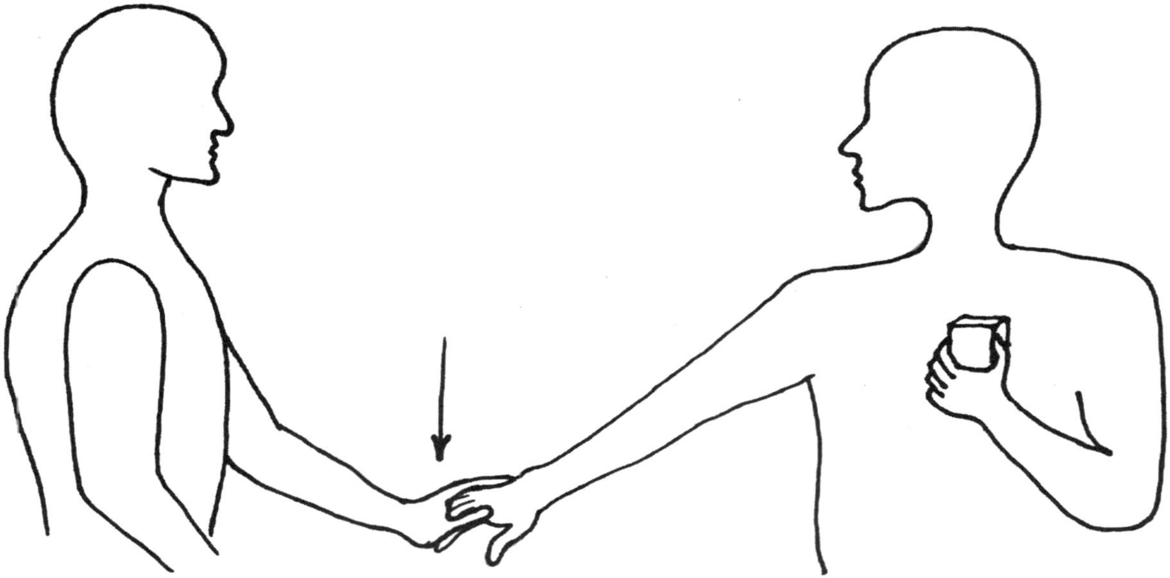

Nun nehmen Sie zum Beispiel eine für den Körper schädliche Substanz (etwa eine Zigarette) in Ihre freie Hand und halten diese an die Brust (in Höhe der Thymusdrüse).

Wiederholen Sie jetzt den Armtest wie vorhin, und Sie werden merken, daß sich der Arm ganz leicht hinunterdrücken läßt. Das funktioniert natürlich umgekehrt mit einer für den Körper positiven Substanz genauso. In diesem Fall bleibt der Arm stark.

Mit dieser sehr einfachen Methode kann man alle für den Körper guten oder schädlichen Substanzen austesten.

Ein Punkt ist dabei jedoch besonders wichtig: Unser Körper ist mit einem speziellen natürlichen Mechanismus ausgestattet, dem sogenannten Immunsystem.

Dieses Immunsystem hat die Aufgabe, alle Einflüsse auf unseren Körper auszugleichen. Das heißt, bei *allen* negativen Einflüssen arbeitet unser Immunsystem sofort gegen diese unnatürliche Schwingung und versucht, den Körper energetisch wieder in die Balance zu bringen.

Ein guter Beweis dafür ist unter anderem das Entfernen von Amalgam aus unseren Zähnen. Nach dem Aussteigen des Marktführers von Amalgamprodukten aus dem gesamten Markt (rein zufällig zwei Wochen nach dem "Xyladekorurteil", in dem die Manager dieses Konzerns erstmals in der Geschichte der Rechtsprechung trotz Vorlage von "Unbedenklichkeitsgutachten" wegen Fahrlässigkeit und Nichtbeachtens eindeutiger Anzeichen verurteilt wurden) zweifelt kaum mehr ein Zahnarzt daran, daß Amalgam enorme negative Auswirkungen auf unseren Körper hat.

Wie gesagt, nach dem Entfernen dieses schädlichen Werkstoffes reagiert unser Körper meist mit Rötungen und Hautausschlägen im Gesichtsbereich. Das bedeutet in diesem Fall, daß unser Immunsystem, das meist jahrelang gegen die Amalgambelastung gewirkt hat, nicht so plötzlich damit aufhören kann. Die Reaktion des Körpers erfolgt über die Haut.

Was hat das Ganze aber mit unserem Muskeltest zu tun? Bei diesem Muskeltest sollte die zu testende Substanz kurzfristig vor der Messung in die Nähe des Körpers gebracht werden. Nur so kann man messen, ob diese Substanz den Körper “stärkt” oder “schwächt”.

Hält man beispielsweise eine schädliche Substanz längere Zeit zum Körper, arbeitet unser Immunsystem sofort gegen diese, und der Körper wird wieder stark. Deshalb sollte man beim Kinesiologietest die zu messende Substanz erst unmittelbar vor dem Test direkt an den Körper anlegen.

Diese Testmethode funktioniert aber nicht nur mit Substanzen, sondern beispielsweise auch mit “Gedanken”.

Machen Sie denselben Test, indem Sie vorerst die Person, mit der Sie den Muskeltest durchführen, an eine sehr schlimme Situation denken lassen! (Das Ganze funktioniert auch mit einer Person, die der zu Testende überhaupt nicht mag.) In diesem Fall wird die Person schwach.

Umgekehrt kann sich diese Person jetzt eine sehr positive Situation vorstellen. (Das kann selbstverständlich auch eine Person sein, zu der man eine besonders starke Anziehung, wie zum Beispiel zum Partner, hat. Dabei kann es sich auch um nicht personifizierte positiv besetzte Energien, wie Universelle Energie, Gott, Jesus, Allah usw. handeln.) In diesem Fall wird der Arm beim Test wieder ganz stark.

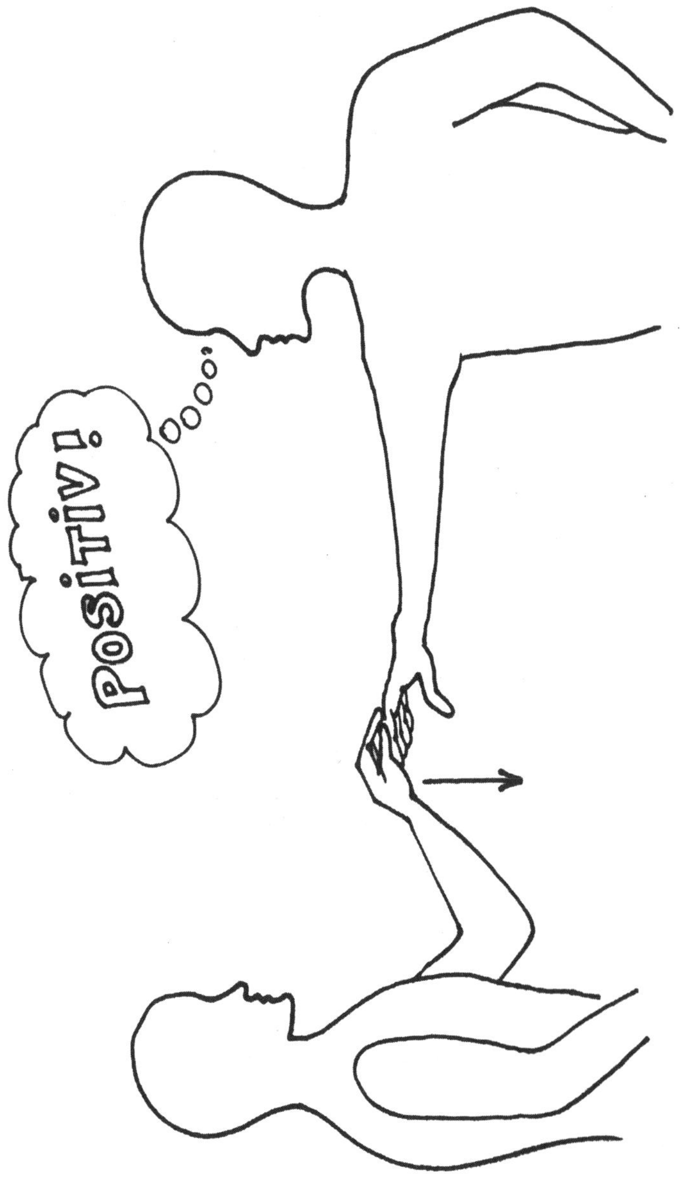
POSITIV!

Diese Methode wird sehr oft im Bereich der Ganzheitsmedizin angewandt. Wenn man jedoch mehrere - bei Allergenen und Steinen oft mehr als zwei- oder dreihundert verschiedene - Substanzen austesten soll, ist dieser Test fast undurchführbar.

Hier beginnt der enorme Vorteil eines Tensors zu wirken.

Die geschilderten Beispiele aus dem Bereich der Kinesiologie sollen eigentlich nur dazu dienen, um zu beweisen, daß unser Körper mehr spürt, als man geistig assoziieren kann. Diese Tatsache ist für das Verständnis, warum der Tensor funktioniert, enorm wichtig.

Die Bewegungen des Tensors werden also von uns selbst durchgeführt. Das heißt, unsere Hand macht ganz feine Bewegungen, die durch die mechanische Konstruktion des Tensors in eine optisch nachvollziehbare Schwingung übertragen werden. Diese Bewegung wird aber bei richtiger Anwendung von unserem Unterbewußtsein gesteuert.

Hier beginnt jedoch auch die große Skepsis vieler, die sich fragen: "Kann man den Tensor beeinflussen?"

Natürlich kann man ihn beeinflussen! Nachdem er von unserem Unterbewußtsein gesteuert wird, kann man ihn mit dem Bewußtsein beeinflussen.

Die Schwierigkeit, mit einem Tensor zu arbeiten, besteht nicht darin, daß er sich bewegt, sondern daß man ihn nicht beeinflußt. Speziell aus diesem Grund sollte man anfangs nicht Dinge abfragen oder austesten, deren Ergebnis einem besonders wichtig ist.

Immer wenn man sich ein bestimmtes Ergebnis besonders wünscht, schiebt sich der Wunsch vor das Unterbewußtsein, und das angezeigte Ergebnis entspricht natürlich genau diesem Wunsch.

Je mehr positive Ergebnisse wir im Laufe unserer Übungen erhalten, umso größer wird unsere Sicherheit in bezug auf die

Richtigkeit der Aussagen des Tensors und umso weniger kann unser Bewußtsein diesen dann beeinflussen. Auch müssen wir davon ausgehen, nicht “unfehlbar” zu sein. Das heißt, wir sollten nie meinen, daß die Testergebnisse hundertprozentig richtig sind. Mit etwas Erfahrung - und hier sind sich fast alle Fachleute einig - liegt die Trefferquote bei 95 bis 98 Prozent.

Um hier keine Unsicherheit aufkommen zu lassen: Diese Trefferquote ist im Vergleich zu anderen Diagnosemethoden enorm hoch, und viele würden sich trotz wissenschaftlich perfekt abgesicherten anderen Methoden eine derart hohe Treffsicherheit nur wünschen.

Mit der sogenannten EAV-Messung (Elektroakupunktur) kann man diese Testergebnisse auch beweisen. Einziger Nachteil: Bei der EAV-Messung wird mit Widerstandsmeßgeräten an verschiedenen Akupunkturpunkten der Körperwiderstand gemessen.

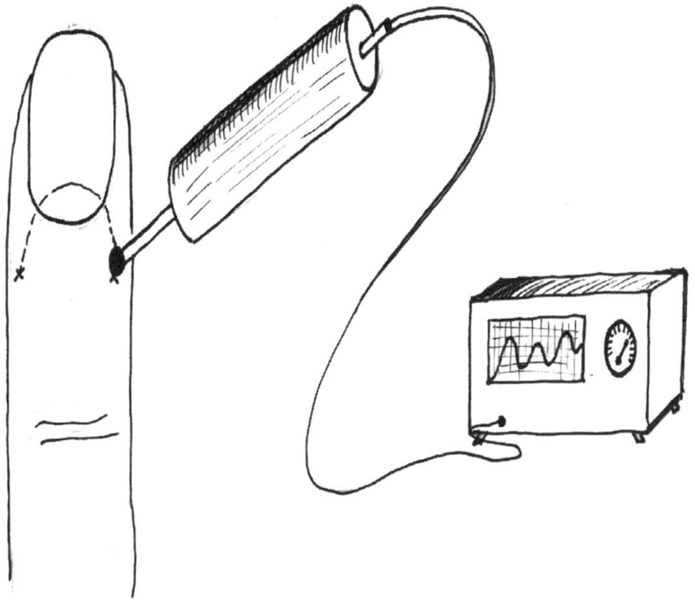

Die Widerstandsveränderungen sagen dem Therapeuten alles über Unverträglichkeiten, Allergien usw. Wenn jedoch diese Akupunkturpunkte öfter als drei- bis viermal gedrückt werden, werden sie aktiviert, und dann sind sämtliche Meßwerte unbrauchbar.

Deshalb arbeiten auch viele Therapeuten zur groben Austestung mit dem Tensor, die dabei selektierten Ergebnisse werden dann noch mittels der EAV-Messung oder des Muskeltests nachgeprüft.

Zahlreiche Therapeuten verlassen sich aber nach einer gewissen Erfahrung nur mehr auf die Aussage des Tensors. Immer mehr Heiler vertrauen auf die sogenannte innere Stimme und somit auf das Unterbewußte, das sicher eines der am perfektesten ausgeprägten Meßinstrumente der Menschheitsgeschichte ist.

## Bewegungsrichtung

Bei der Bewegungsrichtung des Tensors gibt es große Differenzen. Nachdem der Tensor nur eine Anzeige für Vorgänge in unserem Unterbewußtsein ist, ist es völlig egal, in welche Richtung seine Ausschläge gehen.

Wichtig ist, wie man die Bewegungsrichtung deutet; das heißt, ich muß dem Tensor "sagen", welchen Ausschlag ich für welche Antwort assoziieren werde.

Dabei gibt es auch wieder zwei Methoden: Man kann die Bewegungsrichtung vorgeben (programmieren), oder man fragt beispielsweise: "Was ist ‚nein'?"

Die Bewegungsrichtung, in die der Tensor jetzt übergeht, heißt "nein". Dann die Frage: "Was ist ‚ja'?" Diese Bewegungsrichtung ist "ja" usw.

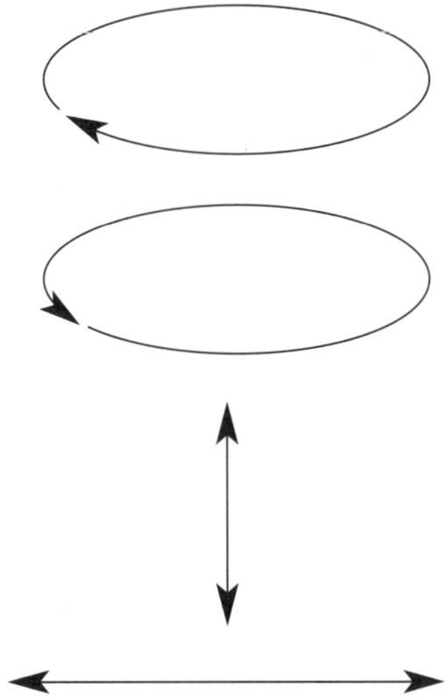

Einfacher und logischer ist allerdings eine sogenannte Programmierung. Die häufigsten Bewegungsrichtungen sind: Auf - ab ist “ja”, links - rechts ist “nein”, Linksdrehung ist “linkspolare Energie”, Rechtsdrehung ist “rechtspolare Energie”.

Es gibt natürlich noch sehr viele andere Möglichkeiten, mit dem Tensor zu arbeiten. Wichtig für das Verständnis ist aber, wie schon erwähnt, daß es überhaupt nicht darauf ankommt, welche Bewegung der Tensor macht, sondern nur, wie man diese Bewegung deutet.

Auch die Intensität der Bewegungen ist anfangs noch nicht wichtig. Mit zunehmender Erfahrung werden die Ausschläge des Tensors immer stärker.

Für das Testergebnis ist diese Tatsache allerdings wenig aufschlußreich. Wichtig ist nur, daß die Aussage deutlich erkennbar ist, die Stärke der Aussage ist vorerst bedeutungslos.

Immer wieder kommt es auch vor, daß in unseren Seminaren bei sogenannten Anfängern irgendwelche sonderbare Kreisbewegungen, schräge Ausschläge und vieles andere mehr keine exakte Deutung der Bewegungen zulassen. Dabei handelt es sich um mangelnde Praxis, und man darf sich hier nicht verunsichern lassen.

Die einfachsten Übungen, um solche Ausschläge zu verhindern, sind folgende: Simulieren Sie ganz bewußt die Bewegungen, die Sie vom Tensor erwarten, zum Beispiel bei der Frage “ja/nein”! Denken Sie mental an “ja” und bewegen Sie den Tensor bewußt auf und ab! Achten Sie dabei auf eine exakte Bewegung!

Diese Bewegung muß ausschließlich auf und ab sein und nicht etwa schräg oder kreisförmig. Das ist eine reine Geschicklichkeitsübung. Solange man diese Bewegungen nicht exakt simulieren kann, darf man auch nicht davon ausgehen, daß diese bei den zu erwartenden Anzeigen genau funktionieren.

Lassen Sie sich in diesem Fall nicht entmutigen! Wie wir aus der Erfahrung von mittlerweile vielen Seminaren feststellen konnten, sind gerade diejenigen Seminarteilnehmer, die anfangs die meisten Schwierigkeiten hatten, jene, die später am intensivsten und ohne Probleme damit umzugehen verstanden haben. Gehen Sie einfach mit der Gewißheit an die Arbeit, daß jeder Mensch ein Unterbewußtsein hat und deshalb mit einem Tensor umgehen kann! Wenn nicht alles auf Anhieb funktioniert, geben Sie nicht auf, denn wie schon ein altes Sprichwort sagt, ist nicht derjenige ein Versager, der hinfällt, sondern derjenige, der liegenbleibt.

## Fragestellung

Die Fragestellung ist sicher einer der wichtigsten Punkte im Umgang mit dem Tensor, wobei "Fragestellung" eigentlich ein nicht sehr gelungener Ausdruck aus der Radiästhesie ist; besser wäre "Einstimmung" oder "in Resonanz bringen".

Nachdem unser Unterbewußtsein ja sehr viele Dinge spürt - man kann sogar sagen: alle -, müssen wir natürlich selektieren, welche Art von Schwingung wir zur Anzeige bringen wollen. Dies ist wiederum mit einem Vergleich aus der Technik am einfachsten zu erklären: Auch im Äther tummeln sich unendlich viele technische Schwingungen - Radio, Fernsehen, Radar, Funk, Telefonnetze u. v. m.

Hier muß man mit bestimmten Methoden arbeiten, damit man beispielsweise beim Einstellen eines Radiosenders eben nur diesen einen Sender empfängt und alle anderen nicht. Zuständig für diese Art der Selektion ist ein sogenannter Schwingkreis. Diesen kann man mit relativ einfachen Methoden auf eine bestimmte Eigenfrequenz abstimmen. Falls nun diese Eigenfrequenz mit der Frequenz des zu empfangenden Senders übereinstimmt, spricht man von einer sogenannten Resonanz. Diese Resonanzschwingung filtert nun nur die gewünschte Frequenz aus den unendlich vielen Schwingungen heraus mit dem Ergebnis, daß der Zuhörer bloß diese eine im Radio hören kann.

Auch unser Unterbewußtsein müssen wir beim Testen mit einem Tensor zu dieser Resonanz bringen. Dies geschieht durch die sogenannte mentale Fragestellung. Bei dieser Fragestellung muß die Frage jedoch unbedingt so gestellt werden, daß sie mit einem eindeutigen "Ja" oder "Nein" beantwortbar ist. Dies klingt fürs erste recht einfach, ist aber bei näherer Betrachtung ein sehr häufiger Grund für eine Fehlmessung.

Beispielsweise passierte bei einem Radiästhesiekongreß in Gmunden, bei dem führende Radiästheten verschiedene Fachthemen diskutierten, folgendes: Eine sogenannte Abschirmmatte wurde vorgestellt. Beim Testen dieser Matte suchten dann zwei Radiästheten unabhängig voneinander eine sogenannte Hartmannkreuzung (siehe Teil 3, Kapitel 2) und fanden diese dann auch. Jetzt wurde die Abschirmmatte über diese Strahlungskreuzung gelegt, und der erste Radiästhet begann mit seiner Messung. Das Ergebnis: Jetzt war die Strahlung weg. Der zweite kam jedoch zu einem ganz anderen Resultat: Für ihn war die Störzone immer noch da.

Wie kann es zu so einem Ergebnis kommen? Schuld daran war die Fragestellung: Beide bekamen eigentlich die richtige Antwort auf die gestellte Frage, aber der zweite Tester stellte die Frage falsch. Er fragte: "Ist die Hartmannkreuzung noch da?" Der Tensor gab ein "Ja" zur Antwort. Es stimmte ja auch - die Kreuzung war nicht verschwunden. Der erste Tester stellte die Frage richtig: "Wirkt die Hartmannkreuzung oberhalb dieser Abschirmung noch?" Die Antwort war "nein". Und das war es schließlich auch, was man wissen wollte.

Zum Thema passend, hier noch einiges zu diversen Abschirmungen: Die Wirkung dieser Geräte ist mit Recht umstritten. Es gibt zwar einige Materialien, die für eine Zeitlang eine gewisse "Dämmwirkung" haben, aber diese ist meist nach zwei bis drei Monaten gleich null.

Aber nun zurück zum Thema "Fragestellung": Diese Art der Fragestellung fällt beim sogenannten Bezugstest fast zur Gänze weg, trotzdem ist es besser, auch in diesem Bereich einen gewissen Informationsstand und ein wenig Übung zu haben, da in den verschiedenen Anwendungsgebieten oft mehrere Arten verwendet werden.

## Chaostheorie

Die sogenannte Chaostheorie zu erklären ist im Rahmen dieser Broschüre natürlich nicht möglich.

Das Verständnis dieser Theorie ist auch für das Arbeiten mit Tensoren in den meisten Bereichen nicht notwendig, aber einige daraus resultierende Aussagen sind wichtig, um die Arbeitsweise verschiedener Therapeuten zu verstehen.

Grundsätzlich besagt die Chaostheorie, daß alle Dinge in unserem Universum zusammenhängen. Das heißt auch, daß Schwingungen nicht unbedingt von Entfernungen abhängig sind. Dadurch sind auch Messungen und Mutungen über Entfernungen von mehreren tausend Kilometern möglich.

Es ist mir klar, daß diese Tatsache für viele Leser sehr schwer zu verstehen ist - mir geht es nicht anders! Aber einige Beispiele und viele Beweise aus meiner bisherigen Praxis bestätigen, daß diese Theorie in ihren Grundzügen richtig sein muß.

Ebenso wie die Zusammenhänge zwischen allen Schwingungen im Universum, so gehört unter dem Motto "Wie im großen so auch im kleinen" auch die energetische Gesamtinformation in Teilen einzelner Substanzen zu den großen Geheimnissen unseres Universums. In diesem Bereich gibt es schon eine Menge wissenschaftlicher Arbeiten, die - so unglaublich das auch klingen mag - teilweise sogar in die medizinische Diagnostik aufgenommen wurden.

Gemeint ist zum Beispiel die sogenannte Kirlianfotografie. Das russische Ehepaar Semjon und Valentina Kirlian entdeckte schon 1936 beim Experimentieren mit Hochfrequenzfotografie die Ausstrahlung von lebenden Substanzen und Organismen, zum Beispiel eines Blattes oder eines menschlichen Fingers, einer Hand oder des ganzen Körpers. Wie spätere Experimente ergaben, konnte man Teile des Ganzen auch aus kleinen Einzelteilen oder Substanzen fotografieren. So ist es beispielsweise gelungen, aus dem Blutstropfen einer Frau, der im zweiten Schwangerschaftsmonat abgenommen wurde, vier Monate später Tausende Kilometer entfernt den mittlerweile sechs Monate alten Embryo zu fotografieren. Das heißt, daß nicht nur die energetische Gesamtinformation zum Beispiel in Blutstropfen, Haaren, Fotos enthalten ist, sondern daß sich diese sogar mit dem dazugehörigen Organismus verändert. Dadurch ist es auch möglich, mit den genannten Substanzen Austestungen vorzunehmen.

Für unsere Arbeit mit dem Tensor heißt das nichts anderes, als daß es nicht unbedingt notwendig ist, daß bei Diagnosen und Austestungen die Person anwesend ist. Dasselbe gilt natürlich auch für Substanzen oder Dinge, die nur auf einem Blatt Papier stehen, aber durch das geschriebene Wort dieselbe energetische Aussage haben.

Beispielsweise ist es für jemanden, der mit dem Tensor gut vertraut ist, keine Schwierigkeit, mit einem Bachblütenbuch und einem Foto die richtigen Bachblüten für den am Foto Abgebildeten auszutesten, auch wenn das Foto älteren Ursprungs ist.
Selbstverständlich ist es besser, mit Substanzen und direkt mit der betreffenden Person zu arbeiten, da die zu messenden Schwingungen in diesem Fall wesentlich stärker sind.

Ein uns gut bekannter österreichischer Arzt und Pionier auf diesem Gebiet nimmt zum Beispiel allen seinen Patienten einen Blutstropfen ab, "speichert" diesen auf einem Löschpapier und archiviert ihn in seiner Patientenkartei. Falls der Patient, auch wenn es Jahre später ist, ein gesundheitliches Problem hat, ruft er in der Praxis an. Der Arzt stellt anhand des archivierten Blutstropfens mit dem Tensor die Diagnose und berät den Patienten.
Am Ende der Broschüre finden Sie über dieses Thema einige Literaturhinweise.

## Der ideale Tensor

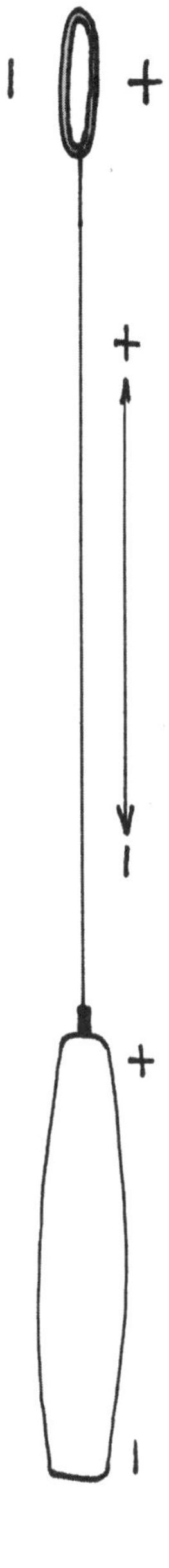


Selbstverständlich ist es möglich, mit allen Tensoren, die am Markt angeboten werden, nach derselben Methode zu arbeiten, obwohl in den verschiedenen Bedienungsanleitungen oft große Abweichungen festzustellen sind.

Nach meiner Erfahrung ist es aber sehr wichtig, daß der Tensor sehr leicht ist und schon auf kleine Bewegungen sensibel reagiert.

Ebenso wichtig ist der "energetisch" richtige Zusammenbau der Einzelteile. Wie wir aus der Energetik wissen, hat alles eine Plus- und eine Minusseite. Dieser Tatsache ist bei der Produktion von Tensoren unbedingt Rechnung zu tragen.

Verwendete Naturmaterialien und Oberflächenveredelungen sind schweren Griffen und nicht veredelten Materialien vorzuziehen.

Je mehr auf diese Dinge Rücksicht genommen wird, desto weniger eigene Energie muß man für die Arbeit mit dem Tensor aufbringen. Das heißt, daß es für den Anfänger einfacher ist, den Umgang damit zu lernen, und für den Profi, daß er sehr lange damit arbeiten kann, ohne belastet zu werden, und somit die Gefahr, nicht mehr ganz eindeutige Ausschläge zu erhalten, schwindet.

Einen einfachen Tensor kann man ganz leicht selbst basteln. Man braucht dazu nur drei Flaschenkorken sowie einen Stahldraht von 0,8 mm Durchmesser und einer Länge von ca. 50

cm. Solche Drähte kann man in jedem Modellbauladen kaufen. Nun steckt man zwei Korken als Griff auf eine Seite des Drahtes und einen Korken als Schwinggewicht auf das andere Ende.

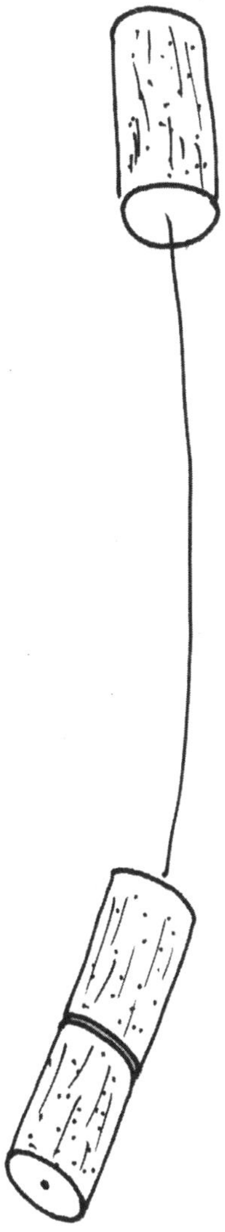

Mit dieser selbstgebastelten Konstruktion kann man die ersten Übungen durchführen. Für längeres Arbeiten ist sie jedoch ungeeignet.

Selbstverständlich kann man anstelle des Griffkorkens einen schön gedrechselten Holzgriff und am anderen Ende zum Beispiel einen Holzring verwenden.

Nachdem aber heute sehr gute Tensoren weniger kosten als zum Beispiel eine Automechanikerstunde, ist es wahrscheinlich vernünftiger, einen perfekt konstruierten und erprobten Tensor zu erstehen.

Tensoren haben üblicherweise eine Länge von ca. 50 cm und sind deshalb eher für die Arbeit in einer Praxis oder für zu Hause gedacht.

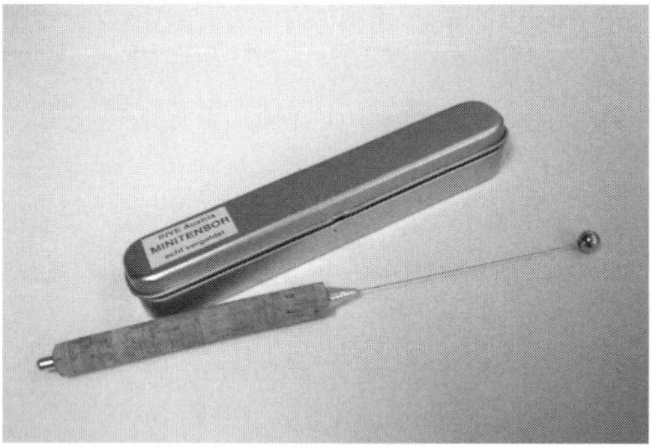


Minitensor

Es gibt aber auch bereits sehr kleine Tensoren, die nicht größer als eine Füllfeder sind.
Diese sind aber eher für kürzere Messungen (zum Beispiel im Supermarkt) gedacht. Für Anfänger oder längeres Arbeiten sind sie allerdings nicht zu empfehlen. Zum Mitnehmen besser geeignet sind zerlegbare Tensoren, die nach dem Zusammenbau eine ähnliche Größe wie nichtzerlegbare haben.
Ein Problem, das bei vielen Tensoren auftritt, ist das Abreißen der sogenannten Tensorantenne. Hier sollte man beim Kauf darauf achten, daß diese Antenne einfach austauschbar oder der Tensor mechanisch so konstruiert ist, daß ein Abbrechen auch bei sehr starken Ausschlägen nahezu vollständig verhindert wird.

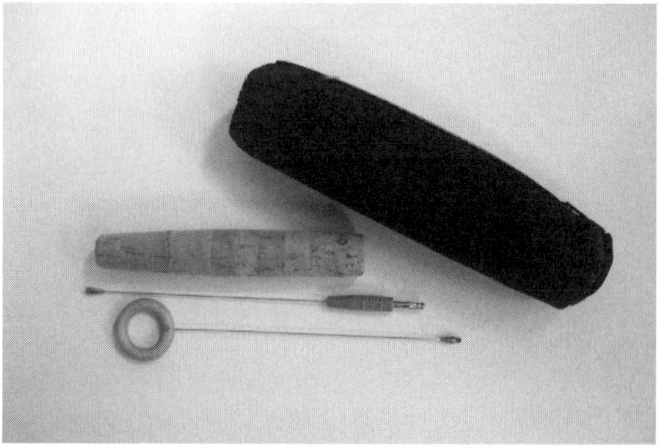

Reisetensor

# Teil 2
# Praxis

## Erste Schritte

Die Messung oder Mutung mit dem Tensor beruht auf mentaler Ebene; das heißt, wir benötigen zum Arbeiten mit diesem Gerät unsere eigene innere Energie. Um mit dieser Energie sparsam umzugehen, sollten wir bei längerem Arbeiten mit dem Tensor einige Punkte beachten, wobei ich an dieser Stelle bereits anmerken möchte, daß alle nachfolgend genannten Dinge, wenn man ein bißchen Übung hat, bei einer einzelnen Messung oder bei kurzen Arbeiten mit dem Tensor nicht notwendig sind:

1. Um den eigenen Energiefluß nicht zu stören, bitte Schmuck und Uhr (insbesondere Quarzuhr) ablegen.

2. Füße nicht überkreuzen.

3. Auf ruhige, angenehme Umgebung achten.

4. Nehmen Sie sich Zeit, um sich voll auf die Arbeit mit dem Gerät einzustellen!

Halten Sie nun den Tensor locker und unverkrampft in Ihrer Hand!
Jetzt können Sie Ihr vorhandenes Energiepotential messen, indem Sie Ihre freie Hand zirka fünf Zentimeter über Ihren Kopf (Scheitel- oder Kronenchakra) halten. Nun wird sich der Tensorring je nach Energie mehr oder weniger auf- und abbewegen.
Beachten Sie dazu die Abbildung auf der nächsten Seite.

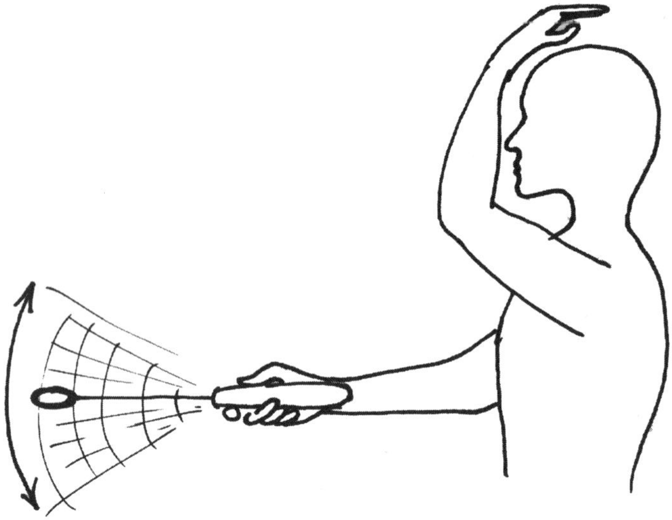

Falls Sie nur geringfügige Auf- und Abbewegungen feststellen, gibt es viele Übungen (meist aus dem Yoga-Bereich), mit denen Sie Ihr Energiepotential stärken können, wie zum Beispiel:

Klopfen Sie fest auf Ihre Thymusdrüse (im Brustbereich, ca. 5 cm unterhalb des Schlüsselbeins), atmen Sie dabei durch die Nase und stoßen Sie Ihren Atem fest durch den Mund aus!

Eine wunderschöne Übung kann man in der frischen Luft ausführen (falls Sie einen Balkon oder die freie Natur zur Verfügung haben): Stellen Sie sich gerade hin (Brustseite möglichst der Sonne entgegen; Beine leicht gegrätscht; Füße fest auf der Erde, sodaß Sie das Gefühl tiefer Verwurzelung fühlen können)! Strecken Sie Ihre Arme weit aus und die Handflächen der Sonne entgegen! Atmen Sie tief ein! Je schöner und liebevoller Ihre Gedanken beim Einatmen sind, desto besser ist die Energie, die Sie in sich aufnehmen. Tief ausatmen. Energie und Wärme durchströmt Ihren Körper und strömt durch die Handflächen und durch die Füße zurück in die Erde.

Wie wir aus der Energetik wissen, bewegt sich der Fluß der feinstofflichen Energie vorn am Körper hoch und über den Kopf und den Rücken wieder zurück nach unten. Wir können nun diesen Energiefluß stärken, indem wir mit unseren Händen, von den Zehen beginnend, über Knie, Brust, Kopf und Schulter zurück nach unten streichen. Diese Übung sollte zirka zehnmal wiederholt werden. Sie können sie auch gedanklich nachvollziehen, indem Sie die Positionen von den Zehen bis zum Kopf und über die Schulter in Gedanken durchgehen; ebenfalls etwa zehnmal. Sie erreichen damit dieselbe Wirkung.

Wenn nun Ihre Energie ausreichend ist, können Sie mit den ersten Übungen beginnen.

# Die zwei Hauptmessmethoden

## Die Pendelmethode

Bei dieser Methode arbeitet man genau wie mit einem Pendel.

Halten Sie den Tensor so, daß der Ring ungefähr waagrecht steht! Nun denken Sie mental an ein “Ja” und bewegen den Tensor bewußt ganz langsam auf und ab und konzentrieren sich dabei immer wieder auf das “Ja”.

Jetzt stoppen Sie den Tensor, ohne ihn mit der anderen Hand zu berühren. Erst wenn der Tensor wieder ganz ruhig ist, machen Sie dasselbe mit einem “Nein”. Beim “Nein” bewegen Sie den Tensor hin und her, das heißt, Sie lassen ihn von links nach rechts schwingen.

Nun ist es für Sie schon möglich, den ersten Test zu machen. Ohne den Tensor bewußt zu bewegen, denken Sie an ein “Ja”, und der Tensor muß nun langsam auf- und abschwingen. Lassen Sie sich von der Höhe des Ausschlags nicht irritieren! Es ist völlig unbedeutend, wie hoch der Tensor auf- und abschwingt. Wichtig ist, daß die Aussage eindeutig ist.

Dasselbe versuchen Sie nun mit dem Gedanken an das “Nein”. Falls es hier nicht auf Anhieb klappt, lassen Sie sich nicht entmutigen! Denn Sie wissen: Jeder Mensch hat ein Unterbewußtsein, und deshalb kann auch ein jeder mit einem Tensor oder Pendel umgehen. Natürlich ist nicht jeder Tag gleich, und es gibt viele Dinge, die unsere “Fühligkeit” bremsen. Aber auch hier gilt: Übung macht den Meister!

Mit dieser “Ja/nein”-Methode können Sie schon Ihre ersten Fragen stellen. Wichtig ist es aber gerade für Anfänger, nur solche Fragen zu stellen, deren Antworten für Sie nicht von großer Bedeutung sind, wie zum Beispiel: “Ist der Schnee grün? Ist es draußen hell?”

Diese Übungen dienen nur dazu, eine gewisse Sicherheit und Vertrauen zu gewinnen.

Eine weitere Übung wäre beispielsweise, ein Geschirrtuch locker über eine Münze zu stülpen, diese zu drehen und dann abzufragen, ob Kopf oder Zahl obenauf liegt. Wie im Teil 1 schon umfassend erklärt, ist es bei der Fragestellung wichtig, daß die Frage mit einem eindeutigen "Ja" oder "Nein" beantwortbar ist. Die Fragestellung: "Ist der Schnee grün *oder* weiß?" ist daher unbeantwortbar. Ebenso falsch sind Fragen wie: "Ist es draußen hell *oder* dunkel? Liegt bei der Münze Kopf *oder* Zahl obenauf?"

Personen, die sich schon eine andere Art der Bewegungsrichtung angeeignet haben, sollten diese keinesfalls mit Gewalt auf die oben beschriebene umstellen; denn wie in Teil 1 ausgeführt, ist nicht die Bewegungsrichtung, sondern deren Deutung wichtig.

Bei der Pendelmethode gibt es noch eine zweite Messungsart, nämlich die "Links- oder Rechtsdrehung". Hier messen wir die sogenannte Energieaussage eines Produktes oder einer Substanz. Jedes Produkt hat eine Energieaussage. Wir gehen davon aus, daß jedes natürliche Produkt eine rechtsdrehende und jedes in seiner chemischen Zusammensetzung veränderte Produkt eine linksdrehende Energieaussage hat.

Diese Übung führt man am besten mit einer Batterie durch. Sie halten den Tensor auf die Plusseite der Batterie und stellen mental die Frage: "Welche Energieaussage hat diese Seite der Batterie?" Nun wird der Tensor in eine Rechtsdrehung übergehen. Dasselbe versuchen Sie jetzt mit der Minusseite. Hier wird der Tensor in eine Linksdrehung übergehen.

Verwechseln Sie bitte keinesfalls Rechtsdrehung und Linksdrehung mit positiv oder negativ! Überall im Leben gibt es ein Yin und ein Yang. Eine Batterie zum Beispiel benötigt zum

Funktionieren selbstverständlich auch die Minusseite. Genauso kann für ein krankes Individuum ein pharmazeutisches Medikament, wenn man es gerade unbedingt benötigt, sehr positiv sein, obwohl es eine linksdrehende Energieaussage hat. Darum ist es wichtig, bei diesen Tests nur zu messen und nicht voreilig (vorbeeinflußt) zu werten.

## Der Bezugstest

Der Bezugstest hat den großen Vorteil, daß nach einiger Übung die konkrete Fragestellung, wie sie bei der Pendelmethode unbedingt notwendig ist, fast zur Gänze entfällt.
Beim Bezugstest hält man den Tensor zwischen Substanz und Testperson.

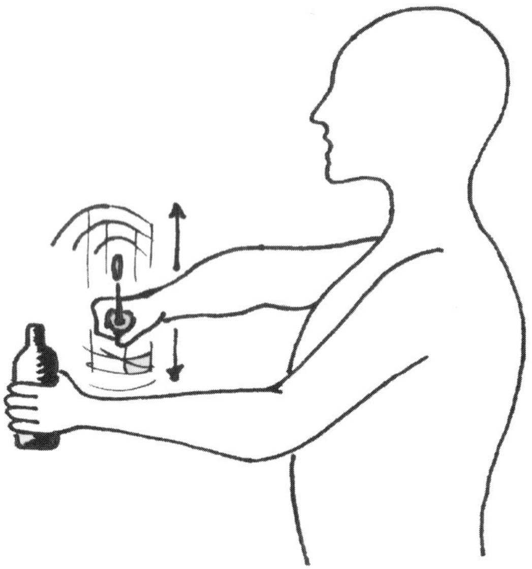

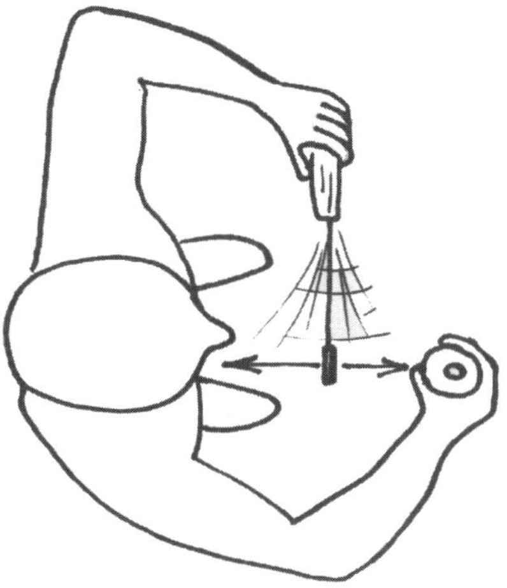

Die mentale Fragestellung lautet in diesem Fall: “Wenn dieses Produkt für mich (dich) paßt, dann soll der Tensor verbinden, wenn nicht, soll er trennen.”

Wie schon angesprochen, entfällt diese Fragestellung nach einiger Zeit von selbst, denn wenn man den Tensor zwischen Substanz und Testperson oder Testobjekt hält, weiß unser Unterbewußtsein genau, was man für eine Aussage erwartet. Eine weitere Vereinfachung der Methode besteht darin, daß man nicht jede Substanz einzeln in die Hand nimmt, sondern nur mit dem Finger die einzelnen Substanzen berührt und so eine Verbindung oder eine Trennung angezeigt bekommt.

Bei vielen Messungen werden die Pendelmethode und der Bezugstest vermischt; es hat sich aber in der Praxis gezeigt, daß durch die einfachere Handhabung in fast allen Bereichen nur mehr der Bezugstest eingesetzt wird.

## Zwei Messungen in einem

Da beim Austesten von verschiedenen Mitteln oft nicht nur eine, sondern mehrere Substanzen passen, gibt es einige Möglichkeiten, das Optimale zu finden. Beispielsweise kann man mit der Pendelmethode abfragen, welches der passenden Mittel das beste ist.

Einfacher und schneller geht es aber mit zwei Messungen in einem. Dabei machen wir den Bezugstest und formulieren mental noch zusätzlich die Frage: “Je besser das Produkt paßt, umso stärker soll der Tensor beim Bezug schwingen.”

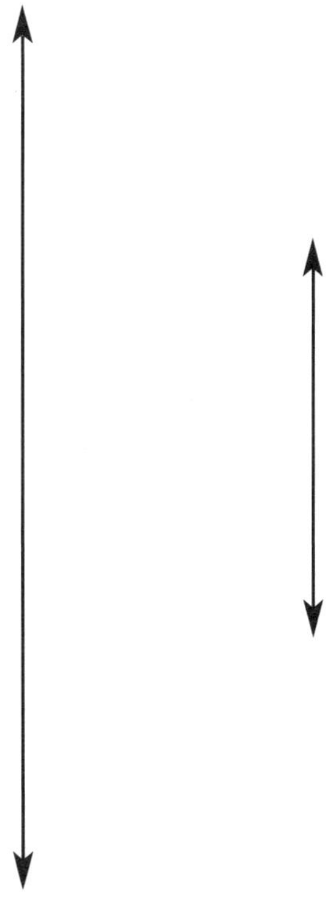

Das funktioniert natürlich auch bei gegenteiliger Fragestellung: "Je weniger das Produkt paßt, umso stärker soll der Tensor trennen."
Dasselbe gilt selbstverständlich auch bei Energiemessungen, die eine rechtsdrehende oder eine linksdrehende Aussage haben. Je höher die zu messende Energie ist, umso stärker ist auch die Drehung des Tensors.

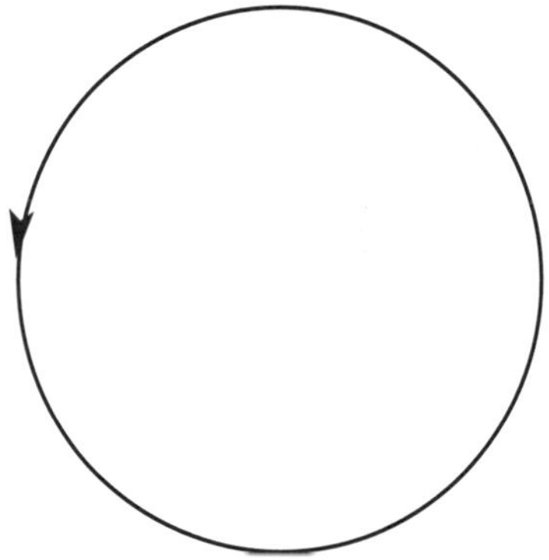

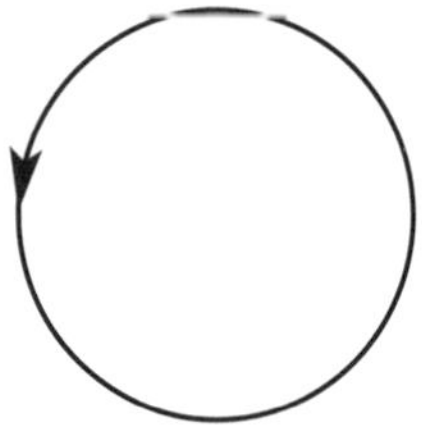

## Prozentmessung

Bei der sogenannten Prozentmessung arbeitet man fast ausschließlich mit der Pendelmethode. Aber auch hier gibt es eine große Vereinfachung.

Will man beispielsweise die Energie eines Apfels messen, nimmt man diesen in die Hand, oder man hält den Tensor darüber und fragt mental: "Hat dieser Apfel zehn Prozent Energie?" Sehr wahrscheinlich wird der Tensor in eine "Ja"-Bewegung übergehen. Nun zählt man, ohne die Bewegung des Tensors zu stoppen, weiter nach oben: "zwanzig Prozent, dreißig Prozent ... sechzig Prozent", und plötzlich bei "siebzig Prozent" geht der Tensor in eine "Nein"-Bewegung über. Für unsere Messung bedeutet das, daß der Apfel eine Energie zwischen sechzig und siebzig Prozent hat. Selbstverständlich kann man jetzt noch weiter ins Detail gehen und wieder bei "sechzig" beginnen und weiterzählen: "einundsechzig, zweiundsechzig, dreiundsechzig". Bei "vierundsechzig" zeigt der Tensor plötzlich "nein". Nun wissen wir es genau: Unser Apfel hat eine Energie von dreiundsechzig Prozent.

Die Prozentmessung erscheint mir am einfachsten, da man sich unter Prozenten mehr vorstellen kann als beispielsweise unter "Boviseinheiten" oder anderen vielfach verwendeten Ausdrücken. Bei Prozenten weiß man genau: Null ist das Minimum und hundert ist das Maximum. Praktisch gesehen ist es meist nicht wichtig, Dinge auf Prozente genau zu bestimmen, sondern nur einen Vergleich zu anderen anzustellen.

# Teil 3
# Anwendungsbeispiele

# Austestungen

## Allergene

Unter Allergenen versteht man Unverträglichkeiten verschiedenster Substanzen von Nahrung, Umweltgiften, Tierhaaren, Hausstaubmilben usw.

Aufgrund der massiven Veränderungen in unserer Umwelt durch Umweltverschmutzung, Kunstdünger, Wohngifte, Spritzmittel, Elektrosmog etc. reagieren immer mehr Menschen auf immer mehr Substanzen "allergisch". Dies äußert sich durch die verschiedensten Symptome. Die Palette reicht von Hautreaktionen (Neurodermitis), über Asthma und Heuschnupfen bis hin zu seelischen Problemen (Depressionen).

In der Bioresonanz spricht man von Hauptallergenen, wie zum Beispiel Milch, Weizen, Kartoffeln, Eiweiß, und Nebenallergenen, wie etwa Gänsefedern, Daunen, Hausstaubmilben, die sich meist nach erfolgreicher Therapie der Hauptallergene von selbst auflösen. Trotzdem sollten die Nebenallergene bei der Erstaustestung genau diagnostiziert werden, da es sein kann, daß man das eine oder andere davon zusätzlich behandeln muß.

Zum Austesten der Allergene verwendet der Therapeut meist eigens dafür zusammengestellte Testsätze. Diese enthalten in kleinen Glasampullen die verschiedensten Substanzen. Ein guter Therapeut hat ca. 400 bis 500 solcher Ampullen zum Testen bereit.

Ausgetestet wird meist wieder mit dem Bezugstest. Dabei verwendet der Therapeut üblicherweise ein Kabel mit einem Abtastsensor, das auf der einen Seite mit dem Tensor verbunden ist, während die Spitze des Sensors das Glasfläschchen berührt. Bei einem Bezug besteht eine Unverträglichkeit gegenüber der Substanz und der Testperson, bei einer Trennung ist dies nicht der Fall. Selbstverständlich wäre es eine sehr langwierige

Angelegenheit, jede Substanz einzeln auszutesten. In der Praxis werden daher auch bis zu zehn Substanzen und mehr auf einmal getestet.

Wenn bei einem Test von zehn Substanzen eine Trennung angezeigt wird, heißt das, daß alle diese Substanzen verträglich sind, und man erspart sich so neun Austestungen. Bei einem Bezug muß man natürlich ein oder mehrere unverträgliche Substanzen herausfinden.

## Bachblüten

Bachblüten erfreuen sich in allen Bereichen der Komplementärmedizin immer größerer Beliebtheit.

Der englische Arzt Dr. Edward Bach (1886-1936) entwickelte in den dreißiger Jahren die sogenannte Bachblütentherapie. In seinen jahrelangen Forschungen teilte Dr. Bach die Seelenzustände der Individuen in 38 verschiedene Kategorien ein. Dazu fand er 37 Blüten und ein bestimmtes Wasser ("Rock Water"), die diese negativen Seelenzustände ausgleichen. Diese Mittel werden als sogenannte Blütenessenzen in Form von kleinen Pipettenfläschchen angeboten.

Die Bachblütenessenzen helfen, negative Gefühlszustände auszugleichen und damit einer Disharmonie im emotionalen Bereich zu begegnen, bevor sich diese Verstimmung auf der körperlichen Ebene als Krankheit ausformen kann. Wo Krankheit sich schon als körperliches Symptom manifestiert, kann eine gezielte Auswahl von diesen Blütenheilmitteln die Symptome lindern, indem sie hilft, die unterschwelligen seelischen Aspekte, nämlich unsere Ängste, Befürchtungen und Fehler, auszugleichen.

Die Reaktion auf ein gut gewähltes Blütenmittel hängt vom individuellen Bedarf der betreffenden Person ab. Während akuter Phasen von Verzweiflung kann schnell eine Erleichterung eintreten. Andererseits müssen zur Heilung desssen, was sich über einen längeren Zeitraum aufgebaut hat, bestimmte Anstrengungen unternommen werden. Die Blütenmittel können den Lebenskampf nicht für uns ausführen, sondern sie helfen, ihn leichter zu bewältigen. Es ist allerdings nicht sinnvoll, wahllos Blütenessenzen einzunehmen, obwohl die Mittel harmlos für den Körper sind. Erwischt man eine falsche Blüte, so passiert nichts. Man sollte auch unter normalen Umständen nicht mehr als sechs Blütenessenzen auf einmal einnehmen.

Zur Bestimmung, welche Blüten man momentan braucht, gibt es verschiedene Methoden:

***Die intuitive Methode***

Man stellt alle 38 Essenzen auf einen Tisch und nimmt nach Gefühl (Intuition) fünf bis sechs davon. Sind keine Essenzen zur Hand, kann man auch Blütenkarten verwenden. Diese Methode funktioniert bei Kindern überraschend gut, bei den meisten Erwachsenen ist die Intuition aber schon dermaßen degeneriert, daß sie meiner Meinung nach sehr viele Unsicherheiten in sich birgt.

***Das Beratungsgespräch***

Bei dieser Methode versucht der Therapeut, durch gezielte Fragestellungen bis in die tiefsten seelischen Bereiche des Klienten vorzudringen und aufgrund dieser Erkenntnisse eine entsprechende Mischung zusammenzustellen. Eine relativ zeitaufwendige, wenn von kompetenten Psychotherapeuten durchgeführt, allerdings sehr zielführende Möglichkeit, die richtige Mischung zu finden.

### *Die Selbsteinschätzung*

Selbstverständlich besteht eine Möglichkeit auch darin, sich selbst anhand von Büchern die Blüten zusammenzustellen. Hiebei ist es jedoch wichtig, sehr ehrlich zu sich selbst zu sein, da man naturgemäß dazu verleitet wird, negative Dinge eher zu verdrängen.

### *Mit dem Tensor*

Für diejenigen, die den Umgang mit dem Tensor oder mit dem Pendel beherrschen, ist es mit dem Bezugstest sehr einfach, nicht nur die richtigen Essenzen zu finden, sondern auch noch Mischungsmenge und Einnahmezeitpunkt festzustellen. Dabei muß man aber auch nicht jedes Fläschchen in die Hand nehmen, sondern man berührt mit der Hand ein Fläschchen und hält den Tensor zwischen Substanz und auszutestende Person. Man muß auch nicht alle 38 Essenzen einzeln austesten, sondern legt beispielsweise die Hand gleichzeitig auf vier oder fünf Fläschchen. Wenn dann eine Trennung angezeigt wird, paßt keines davon. Wenn es eine Verbindung gibt, muß man allerdings alle Substanzen einzeln nachtesten, um die richtigen herauszufinden.

### *Mit der Pendelmethode*

Mit dieser Methode ist es zusätzlich möglich abzufragen, wie viele Tropfen man von jeder Blüte mischen sollte beziehungsweise wie oft und wie lange man die Mischung einnehmen muß.

Die Essenzen sollten in verdünnter Form eingenommen werden. Meist werden in ein 30-ml-Pipettenfläschchen ein Drittel Alkohol und zwei Drittel Wasser eingefüllt. Dazu gibt man von den einzunehmenden Blüten je 3 bis 4 Tropfen von der Essenz. Von dieser Verdünnung nimmt man 4 x 4 Tropfen täglich zirka 3 bis 4 Wochen lang. Dann sollte eine neue Zusammenstellung ausgetestet werden. Natürlich ist es auch möglich, 1 bis 2 Tropfen von jeder Essenz in ein Wasserglas zu geben und dessen Inhalt über den Tag verteilt zu trinken.

Eine spezielle Form einer Blütenmischung sind die sogenannten Notfalltropfen. Die einzige von Dr. Bach zusammengestellte Mischung besteht aus: "Star of Bethlehem" (gegen Schock), "Rock Rose" (gegen Angst und Schrecken), "Impatiens" (gegen Anspannung und geistigen Streß), "Cherry Plum" (gegen Verzweiflung) und "Clematis" (gegen Schwindel und Ohnmachtsanfälle). Diese Mischung heißt "Rescue"- oder "Five Flower"-Essenz. Sie wird als die 39. Blütenessenz bezeichnet. Diese hilft, wie der Name schon sagt, bei allen Notfällen.

Es gibt unzählige Situationen, in welchen allein durch die Einnahme und den Gebrauch dieser Essenz ein tieferes Verständnis für deren weites Anwendungsfeld gewonnen werden kann, beispielsweise bei einem Schock, beim Empfang schlechter Nachrichten, bei kleinen Schnittwunden, bei Prellungen, bei Wehen, bei unruhigem Schlaf, bei Prüfungsängsten und bei schwerwiegenden Sorgen.

## Homöopathische Arzneien

Eine der in unserer Gesellschaftsform bekanntesten und auch von der Schulmedizin teilweise schon akzeptierten Formen der ganzheitlichen Heilkunde ist die Homöopathie. Entwickelt von Samuel Hahnemann (1775-1843), leitet sich der Name "Homöopathie" von zwei griechischen Wörtern ab: "homos" bedeutet "ähnlich" und "páthos" soviel wie "Leid".

Die Homöopathie wird von Hahnemann mit folgenden Worten definiert: "Similia similibus curantur" (auf deutsch: "Das Ähnliche möge durch das Ähnliche geheilt werden").

Seit ihrem Bestehen wurde die Homöopathie bis heute von ihren Gegnern ebenso leidenschaftlich bekämpft, wie sie von ihren Anhängern vertreten und verteidigt wurde. Die Hauptangriffe der Gegner richten sich gegen die Herstellungsart der homöopathischen Arzneimittel. Bei der Herstellung eines homöopathischen Mittels nimmt man einen Teil von der Urtinktur und zehn Teile eines Lösungsmittels (zum Beispiel Alkohol). Nun wird beides miteinander "verschüttelt". Dieses Verschütteln nennt man Potenzieren. Die dabei verbleibende Flüssigkeit wird nun D 1 genannt. Das ist die erste Dezimalpotenz der Urtinktur. Von dieser Flüssigkeit D 1 nimmt man wiederum einen Teil und verschüttelt diesen ebenso mit zehn Teilen Lösungsmittel. Dabei entsteht die Potenzierung D 2. In Verhältniszahlen ausgedrückt, heißt dies also:

| | | |
|---|---|---|
| D 1 | entspricht dem Verhältnis | 1 : 10 |
| D 2 | | 1 : 100 |
| D 3 | | 1 : 1 000 |
| D 4 | | 1 : 10 000 |
| D 5 | | 1 : 100 000 |
| D 6 | | 1 : 1 Million |
| D 7 | | 1 : 10 Millionen |
| ........ | | |
| D 30 | | 1 : 1 Quintillion |

D 200 beispielsweise entspricht nach diesem Schema 1 zu einer 1 mit 200 Nullen. Praktisch heißt das, daß ab D 23 kein einziges

Molekül der Ursubstanz mehr vorhanden ist. Man arbeitet nach dieser Potenzierung nur mehr mit der Trägersubstanz.

Hier beginnt sich der Kreis zur Energetik wieder zu schließen. Der Gegner der Homöopathie freut sich, da hiemit bewiesen ist, daß man mit "nichts" arbeitet. Der echte Homöopath benützt aber Potenzierungen über D 30, damit er sicher ist, daß er nicht mehr mit Materie, sondern mit Schwingung arbeitet.
Die Arbeit mit Schwingung aber bedeutet, daß man hier nicht mehr sagen kann: "Das ist ein Mittel gegen Kopfschmerzen, und das ist ein Mittel gegen Verstopfung"; vielmehr muß man das jeweilige Mittel in ganzheitlicherem Zusammenhang sehen. Ein und dasselbe homöopathische Mittel kann beim einen Patienten Kopfschmerzen heilen, beim anderen Verstopfung lindern und bei einem dritten gar nichts bewirken. Die größte Schwierigkeit angesichts der Vielfalt der angebotenen homöopathischen Arzneien ist daher die Frage: "Was für wen?"

Wurde in der ersten Zeit der homöopathischen Therapie auf die langjährige Erfahrung des Therapeuten oder auf die Intuition gesetzt, so arbeiten heute immer mehr Ärzte und Therapeuten mit einem Tensor zur Differenzierung homöopathischer Arzneien.

## Schüßlersalze

Vor mehr als hundert Jahren entwickelte der Arzt Wilhelm Heinrich Schüßler ein biochemisches Heilsystem aus zwölf lebenswichtigen mineralischen Salzen.

Schüßler ging davon aus, daß diese Salze ausschlaggebend für die Gesundheit des Menschen beziehungsweise für den Gleichklang der Mineralstoffe im menschlichen Körper verantwortlich sind. Das Heilsystem Schüßlers fand wegen seiner Einfachheit auch unter medizinischen Laien große Verbreitung.

Neben der Homöopathie und der indischen Naturmedizin ist es gegenwärtig beispielsweise in Indien wesentlicher Bestandteil der medizinischen Versorgung des Landes. Heute gibt es Schüßlersalze auch in homöopathischer Verdünnung von D 6 und D 12. Hier eine Kurzbeschreibung der 12 Schüßlersalze:

***Nr. 1: Calcium fluoratum***

Kalziumfluorid findet sich in Knochen, Zähnen und Oberhautzellen. Dieses Salz eignet sich vor allem zur Behandlung langwieriger, chronischer Leiden der Knochenhaut, des Zahnschmelzes und der elastischen Gewebe.

***Nr. 2: Calcium phosphoricum***

Kalziumphosphat gilt als Heilmittel bei Blutarmut (Anämie) und dient zur Förderung der Genesung nach akuten Erkrankungen. Bei mageren und schwächlichen Kindern wird die Entwicklung gefördert, ihre Konstitution verbessert sich, und sie werden kräftiger.

***Nr. 3: Ferrum phosphoricum***

Eisenphosphat läßt sich bei allen Entzündungen im ersten akuten Stadium einsetzen und unterstützt die Therapie fieberhafter Erkrankungen. Geeignet bei Erkältungen aller Art, wirkt Eisenphosphat verblüffend schnell und unterstützt die körpereigene Abwehr.

***Nr. 4: Kalium chloratum***

Kaliumchlorid eignet sich zur Behandlung von Entzündungen und Erkältungskrankheiten, deren Symptome günstig beeinflußt werden können.

***Nr. 5: Kalium phosphoricum***

Kaliumphosphat ist ein geeignetes Mittel bei Entzündungen, Nerven- und Herzbeschwerden. Das Salz beeinflußt das zentrale und das vegetative Nervensystem.

***Nr. 6: Kalium sulfuricum***

Kaliumsulfat hat sich bei allen Krankheiten bewährt, die "nicht richtig herauskommen", wie bei Hauterscheinungen in Zusammenhang mit Kinderkrankheiten sowie bei Haut- und Schleimhautentzündungen.

***Nr. 7: Magnesium phosphoricum***

Magnesiumphosphat beruhigt Schmerzen und krampfartige Beschwerden in allen inneren Organen, ebenso Koliken und krampfartige Gefäßverengungen.

***Nr. 8: Natrium muriaticum***

Natriumchlorid ist eines der wichtigsten Mineralsalze dieses biochemischen Heilsystems. Bei folgenden Symptomen kann die Anwendung von Natriumchlorid sinnvoll sein: Zerstreutheit, Müdigkeit, Traurigkeit, Haarausfall, Kopfschmerzen, Trockenheit der Augen, leichtes Augentränen, Bläschenausschlag (Herpes), Fließschnupfen, trockener Husten.

***Nr. 9: Natrium phosphoricum***

Natriumphosphat eignet sich zur Behandlung von allgemeinem Säureüberschuß, wie bei Aufstoßen, Sodbrennen und Erbrechen.

***Nr. 10: Natrium sulfuricum***

Natriumsulfat wird eingesetzt bei starken Blähungen, plötzlichem Durchfall, abwechselnd mit Verstopfung, Galleerbrechen, Gallenkoliken, Schmerzen in der Brust und Neigung zu warzenähnlichen Hautknötchen.

***Nr. 11: Silicea***

Kieselsäure ist vor allem für Menschen geeignet, die durch Veranlagung unterernährt und schwach sind. Dies betrifft Krankheiten, die eine allgemeinen Schwächung des Immunabwehrsystems mit sich bringen.

***Nr. 12: Calcium sulfuricum***

Kalziumsulfat eignet sich zur Therapie bei Rheumatismus und bei Gicht, bei Eiterungsprozessen an offenen Wunden sowie bei Husten mit lockerem Schleim. Es steigert die Blutgerinnung und regt den inneren Stoffwechsel an.

Es muß jedoch darauf hingewiesen werden, daß - wie bei allen Selbstbehandlungen - auch gewisse Gefahren bestehen.
Die Therapie mit Schüßlersalzen wird oft unterstützend zu anderen Behandlungen eingesetzt.

Viele Therapeuten verwenden bei der Bestimmung von Schüßlersalzen den Tensor. Für diese Art der Austestung gibt es die 12 Präparate in einem Testsatz angeordnet. Mit dem Tensor werden meist unter Anwendung des Bezugstests die Schüßlersalze ausgetestet und danach mit der Pendelmethode die Menge der einzunehmenden Tabletten.

## Steine

Steine werden heute sehr vielfältig im Bereich Heilung eingesetzt.

Obwohl diese Methode schon bei den alten Schamanen angewandt wurde, erscheint es vielen Menschen heutzutage noch sehr sonderbar, mit Steinen zu heilen. Wie bei vielen anderen Dingen muß man auch bei Steinen sehr vorsichtig sein, um nicht in die sogenannte esoterische Schulmedizin hineinzugeraten.

In vielen Büchern kann man lesen: Legen Sie bei dieser oder jener Krankheit oder bei diesem oder jenem Symptom einen gewissen Stein an eine bestimmte Körperstelle! Das kann bei einigen Gesundheitsproblemen sicherlich eine Wirkung haben. Aber im großen und ganzen sollte man die Edelsteintherapie ganzheitlich sehen.

Um die Energieschwingungen der Steine besser verstehen zu können, müssen wir bei der Entstehung der Erde beginnen. Die Religionen sprechen von der Erschaffung der Erde durch Gott, die Wissenschaft spricht von schwarzen Löchern oder vom Urknall.

Für unsere Betrachtungsweise ist aber nur wichtig, daß damals etwas Neues entstanden ist; etwas, das vorher nicht da war. Es ist eine Schöpfung entstanden, das heißt, es ist Schöpfungsenergie am Werk gewesen. Und wo wäre diese Energie besser gespeichert als im Gestein, das es schon Milliarden Jahre vor den Lebewesen gab? Wir sprechen hier nicht von Edelsteinen oder anderen besonderen Steinen, sondern von den ganz einfachen Kieselsteinen, denen wir milliarden- und abermilliardenmal begegnen.

Eigenartigerweise sind für uns Menschen der westlichen Zivilisation Steine nur dann interessant, wenn sie besonders wertvoll oder schön anzusehen sind. Energetisch aber ist diese Tatsache völlig vernachlässigbar. Ganz im Gegenteil: Der schönste, wertvollste Diamant ist wertlos oder sogar schädlich, wenn er für einen bestimmten Menschen nicht paßt oder wenn er an der falschen Körperstelle getragen wird. Die Energieaussage eines alltäglichen Kieselsteines kann dagegen, richtig eingesetzt, oft Wunderbares bewirken.

Ein kleines Beispiel soll dies verdeutlichen: Bei zahlreichen von uns besuchten Messeveranstaltungen gab es auch Stände mit vielen Hunderten von Steinen. Wir beobachteten, daß gerade für Kinder, deren Intuition noch viel besser ausgeprägt ist als die von uns Erwachsenen, das Aussuchen "ihres" Steines überhaupt kein Problem darstellte. Die Kinder gingen zum Stand, nahmen ganz gezielt einen Stein, und das war meist nicht der wertvollste, schönste oder auffälligste, sondern genau der, der zu ihnen paßte. Die meisten Erwachsenen dagegen waren chancenlos. Sie prüften die verschiedenen Angebote an Farbe, Schönheit und Struktur, wurden immer unsicherer und suchten schließlich nach einem Fachmann, der ihnen die Kaufentscheidung erleichtern sollte.

Hier kommen uns die Vorteile des Tensors wieder sehr zugute. Damit können wir nicht nur mit Hilfe des Bezugstests den richtigen Stein für uns finden, sondern auch exakt austesten, an welcher Stelle des Körpers dieser die optimale Wirkung erzielt. Am einfachsten funktioniert das mit der "Ja/nein"-Methode: Man nimmt den Tensor in die eine und den Stein in die andere Hand. Nun hält man den Stein, wenn man ihn sich zum Beispiel umhängen möchte, an den Kehlkopf und stellt mental die Frage: "Ist dieser Stein hier optimal plaziert?" Sollte diese Stelle nicht die optimale sein, wird der Tensor in einen "Nein"-Ausschlag übergehen. Wir lassen jetzt den Tensor auf der "Nein"-Aussage schwingen und bewegen den Stein ganz langsam nach unten, so lange, bis der Tensor in eine "Ja"-Bewegung übergeht. Wir haben somit genau die Stelle gefunden, an der unser Stein die höchstmögliche Wirkung erzielen kann.

Auch beim Auflegen von Steinen auf Chakras oder andere Energiepunkte ist es uns möglich, mit dem Tensor exakt zu bestimmen, an welchen Stellen welche Steine die beste energetische Wirkung entfalten.

## Wohngifte

Unter Wohngiften versteht man Rückstände in allen Gegenständen des täglichen Gebrauchs, von Klebern und Lacken in Möbeln, über Ausrüstungen in fast allen Stoffen bis hin zu Zusätzen in Reinigungs- und Lebensmitteln.

Da diese mehr oder weniger giftigen Stoffe sehr vielfältig sein können, gibt es auch hier eine Unzahl von Testsätzen. Testsätze mit Wohngiften enthalten unter anderem Pestizide und Herbizide, wie Formaldehyd und Lindan, beziehungsweise je nach Umfang alle möglichen für die Herstellung dieser Gegenstände nötigen Substanzen.

Meist kann der Hersteller bereits entscheiden, ob er für seine Produkte möglichst natürliche, aber meist teure oder giftige, aber billige Substanzen verwendet (beispielsweise Lindan in Holzschutzmitteln).

Will man nun austesten, ob und welche Stoffe in den diversen Produkten enthalten sind, nimmt man wie bei den Allergenen diese Testsätze zur Hand und macht mit dem Tensor den Bezugstest. Beim Austesten von giftigen Substanzen ist jedoch Vorsicht geboten: Die negativen Schwingungen gehen beim Testen über den Körper, was bei längerem Arbeiten sehr stark belasten kann. Aus diesem Grund haben viele Tensoren im Griff eine Buchse eingebaut, in die man ein Kabel mit einem Abtastsensor einstecken kann. Damit ist es möglich, nicht mehr die giftige Substanz in die Hand zu nehmen, sondern den Abtastsensor daraufzuhalten und so die Schwingung über das Kabel zu leiten.

## Spezielle Austestungen

Abschließend möchte ich hier noch eine besondere Art der Austestung vorstellen, die mit ähnlichen Schwingungen arbeitet.

Ein Beispiel dafür ist das Aufspüren von geopathogenen Belastungen am Menschen selbst. Einige Therapeuten messen direkt an der betreffenden Person, ob eine Belastung durch Elektrosmog, Verwerfungen, Globalgitter oder auch Hochfrequenzen vorliegt. Diese Schwingungen hat man natürlich nicht selektiert in einer Form parat, um damit einen Bezugstest durchzuführen.
Für diesen Einsatzzweck gibt es Testsätze, die meist in potenzierter Verdünnung Substanzen enthalten, deren Schwingung der Schwingung dieser Belastung entspricht. Zeigt der Tensor nun einen Bezug zu einer solchen Substanz, heißt das, daß der Körper mit dieser Belastung zu kämpfen hat. Besser ist es aber sicher in solchen Fällen, den Wohn- und Arbeitsplatz nach den heute bekannten physikalischen und radiästhetischen Gesichtspunkten austesten zu lassen.

Eine ganz andere Art der Bestimmung heilender Mittel wird bereits von einigen Therapeuten angewandt, nämlich die Mischaustestung. Dabei geht man davon aus, daß, wenn mehrere Substanzen positiv für den Organismus sind, diese nicht unbedingt alle zusammen eine gewünschte Reaktion oder Heilung bringen müssen. Hier wird bei jeder Testung nicht nur die einzelne Substanz getestet, sondern es werden zusätzlich alle bisher erhaltenen Ergebnisse noch einmal miteinander nachgetestet, ob nicht eine bestimmte Substanz das Zusammenwirken der anderen stört. Wichtig ist, daß bei der Zusammenstellung die optimale Wirkung erreicht wird, und dieser Vorgang kann durch Verwendung eines Tensors enorm vereinfacht werden.

Die Mischaustestung wäre natürlich auch in der Schulmedizin sehr wichtig, wie am Beispiel Tausender amerikanischer Soldaten im Golfkrieg deutlich wurde. Diese erhielten zum Schutz vor verschiedenen Infektionen drei Medikamente, von denen von keinem irgendwelche Nebenwirkungen bekannt waren. Aber alle drei zusammen eingenommenen Substanzen wirkten sich katastrophal auf die Gesundheit der Soldaten aus. Viele von ihnen leiden heute noch unter irreparablen Gesundheitsstörungen und Vergiftungserscheinungen.

## Radiästhesie

Radiästhesie ist sicher die bekannteste Form der mentalen Messungen. Wer kennt nicht einen oder mehrere Rutengänger beziehungsweise Wassersucher.

Beschäftigt man sich allerdings ein bißchen näher mit diesem äußerst komplexen und enorm umfangreichen Gebiet, sieht man, daß hier meist nur kleine Teilbereiche der radiästhetischen Möglichkeiten abgedeckt werden.

So wie in allen energetischen Bereichen mißt auch hier nicht die Rute oder der Tensor, sondern der Mensch. Der Mensch kann aber nur Dinge messen - oder wie es Radiästheten ausdrücken: "muten" -, mit denen er in Resonanz treten kann. Das heißt aber auch, daß der Radiästhet nur Dinge finden kann, die er auch sucht. Wenn er beispielsweise nicht weiß, daß es ein Hartmanngitter gibt, kann er es auch nicht finden.

Viele Radiästheten suchen auch nur nach schädlichen Strahlungen und negativen Dingen und vergessen dabei ganz auf das wichtigste energetische Gesetz, nämlich das der Polarität. Selbstverständlich gibt es genauso viele positive wie negative Strahlungen, und nur das Verständnis für das Zusammenwirken aller dieser Dinge macht einen guten Radiästheten aus. Ein treffendes Beispiel dafür sind alte Kirchen, die so gebaut wurden, daß meist der Altar in einer sehr starken energetischen Zone errichtet wurde. Für die Zeremonie der Wandlung und das Energetisieren von Wasser mit positiver Energie (Weihwasser) ist dieser Effekt optimal, zum Schlafen wäre so ein Platz aber katastrophal.

Darum ist es für einen guten Radiästheten genauso wichtig, über Feng-Shui (siehe Kapitel 3) Bescheid zu wissen wie über die physikalischen Zusammenhänge von Elektrizität (Elektrosmog) und Baubiologie.

Zusammenfassend kann man sagen: Über je mehr Wissen der Radiästhet verfügt, desto genauer und perfekter kann er seine Messungen durchführen und umso besser ist das Gesamtergebnis seiner Arbeit.

Nun aber zurück zu den Bereichen der klassischen Radiästhesie. Die Störzonen werden in fünf Hauptbereiche eingeteilt: Wasseradern, Verwerfungen, Globalgitter, Diagonalgitter, radioaktive Strahlung.

***Wasseradern***

sind unterirdisch verlaufende Wasserläufe, deren Kreuzungen sehr negative Auswirkungen - speziell im Schlafbereich - haben. Diese Zonen können sich durch Eruption verschieben und verlagern und sollten daher von Zeit zu Zeit kontrolliert werden.

***Verwerfungen***

entstehen durch geologische Brüche und sind oft eng mit Wasseradern verbunden. Auch hier sind Verlagerungen möglich.

***Globalgitter***

wird nach seinem Entdecker auch Hartmanngitter genannt, ist eine den ganzen Erdball überziehende Störzone, die relativ symmetrisch in Nord-Süd- beziehungsweise Ost-West-Richtung verläuft. Der Abstand zwischen den Zonen beträgt 2,5 bis 3 Meter. Bei sehr alten Häusern fällt auf, daß die Mauern meist direkt auf diesem Gitternetz errichtet wurden. Damit wurde verhindert, daß sich im Wohnraum diese Störzone auswirken konnte.

***Diagonalgitter***
wird nach seinem Entdecker auch Currynetz genannt, ist ebenfalls ein relativ symmetrisches Gitter, nur verläuft dieses im Gegensatz zum Hartmanngitter diagonal zu den Himmelsrichtungen. Der Abstand dieser Zonen voneinander beträgt 2 bis 3 Meter.

***Radioaktive Strahlung***
entsteht meist durch Gestein, wie zum Beispiel Granit. Diese natürliche Strahlung kann sich in konzentrierter Form auch sehr negativ auf den Menschen auswirken.

In der Radiästhesie wird traditionell weniger mit Tensoren oder Pendeln, sondern vielmehr mit sogenannten Ruten gearbeitet.

Eine sehr einfache Form ist die bekannte Astgabel, mit der sich sehr gute Mutungen anstellen lassen. Mittlerweile gibt es aber auch schon sehr viele technische Ruten, die in ihrer Konstruktion sehr vielfältig sein können.

Von traditionell orientierten Rutengehern wird oft angenommen, daß man Ruten weniger beeinflussen kann als Tensoren oder Pendel. Es ist aber leicht nachzuweisen, daß hier auch der Mensch und nicht die Rute mutet oder mißt.

Bei vielen Menschen, die das Rutengehen versuchen, funktioniert es nicht auf Anhieb. Die Rute hat gegenüber dem Tensor den Nachteil, daß man beim Messen sehr viel Energie braucht. Personen, die momentan nicht über soviel Energie verfügen, erhalten natürlich dann keine oder falsche Resultate. Darum wird auch im radiästhetischen Bereich schon sehr viel mit Tensoren gearbeitet. Aber wie bei vielen anderen handwerklichen

Techniken ist auch hier der Gewöhnungseffekt ein wichtiger Bestandteil des Erfolges, und man sollte deshalb nicht mit allen Mitteln versuchen, sich von den bewährten Arbeitsweisen auf neue umzustellen.

# Feng-Shui

Feng-Shui kommt aus dem Chinesischen und heißt wörtlich übersetzt “Wind und Wasser”.

Die Chinesen halten diese Kräfte verantwortlich für das Bestimmen von Gesundheit, Wohlstand und Glück.

Die Kaiser Chinas konsultierten Feng-Shui-Experten, bevor sie großangelegte öffentliche Anlagen bauen ließen oder Kriege begannen. Obwohl Feng-Shui seit Bestehen der Volksrepublik China offiziell verboten ist, wird noch heute weit verbreitet, wenn auch im verborgenen, daran festgehalten. In Hongkong ist es allgegenwärtig und wird von den meisten Chinesen in dieser oder jener Form angewandt. Bei uns und in den Vereinigten Staaten beginnt es, sich sehr stark zu verbreiten.

Trotz des Anscheins des Geheimnisvollen, der Feng-Shui umgibt, entwickelte es sich aus der einfachen Beobachtung heraus, daß Menschen zu ihrem Vorteil oder Nachteil von ihrem Umfeld beeinflußt werden. Zusätzlich hat man festgestellt, daß manche Umgebungen besser und glückbringender sind als andere. Jede Erhebung, jedes Gebäude, jede Mauer, jedes Fenster und jede Ecke sowie die Weise, in der sie gegenüber Wind und Wasser ausgerichtet sind, birgt positive oder negative Auswirkungen in sich.

Das Ziel von Feng-Shui ist es daher, die Umwelt beziehungsweise kosmische Strömungen, auch Ch’i genannt, in Harmonie zu bringen.

Feng-Shui findet Anwendung vom kleinsten Raum, zum Beispiel einem Schlafzimmer, bis hin zu den weitesten kosmischen Dimensionen.

Seine philosophischen Wurzeln umfassen die gesamte Bandbreite des chinesischen Denkens vom Taoismus, über den Buddhismus bis hin zur ländlichen Magie.

In der Praxis befindet sich Feng-Shui irgendwo zwischen Wissenschaft und Kunst.

Feng-Shui ist der Schlüssel zum Verständnis des stillen Dialogs zwischen Mensch und Natur. Die chinesische Bezeichnung Ch'i steht für Lebensatem oder Lebensenergie.
Im Wohnbereich wird Feng-Shui meist in Form von Spiegeln, Mobiles und Kristallen zur Harmonisierung der Energien eingesetzt.

Um die Wirkung der verschiedensten Behelfe energetisch voll auszunutzen, ist der Tensor ein ideales Hilfsmittel sowohl zur Selektion der verwendeten Materialien wie auch zu deren genauen Plazierung.

Auch haben Bilder im Bereich Feng-Shui einen sehr wichtigen Stellenwert. Ihre positiven oder negativen Ausstrahlungen wirken sich auf Menschen, Tiere und Pflanzen aus. Hier ist es sehr leicht möglich, mit der Fragestellung: "Welche Energieaussage hat dieses Bild?" (links- oder rechtsdrehende Energieaussage - siehe Teil 2, Kapitel 2) festzustellen, ob das Bild zu den harmonischen Schwingungen des Raumes und den darin lebenden Menschen paßt. Man kann daher mit Bildern und verschiedenen Feng-Shui-Utensilien die Energie eines Raumes optimieren.

## Aura und Chakren

Die Aura nimmt den Raum unmittelbar um den Körper herum ein; sie besteht aus einer Reihe von Schichten, die bei verschiedenen Menschen und zu verschiedenen Zeiten anders aussehen.

Was die Aura spürbar und für verschiedene Personen auch sichtbar macht, ist die Tatsache, daß der Körper bestimmte Substanzen an die ihn umgebende Luft abgibt, beispielsweise Wasserdampf, Öle, Kohlenstoffe, elektrostatische Energien und kleine Mengen von biochemischen Partikeln. Das Umfeld des menschlichen Körpers wird von der lebendigen Gewebemasse beeinflußt, weil überschüssige Stofflichkeit sich an der Oberfläche sammelt und von dort aus abstrahlt.

Die ätherische Schicht hat die Aufgabe, Energien aufzunehmen, sie zu speichern, auszusenden und zu empfangen. Auf dieser Ebene macht sich ein Energieverlust, der sich später in Form einer Krankheit äußert, zuerst bemerkbar.

Die Aura kann dem Menschen unschätzbare diagnostische Informationen liefern, weil sie klare Hinweise auf Krankheiten enthält, die sich noch nicht in klinischer Form manifestiert haben. Wenn zusätzliche Energie auf diese Schicht übertragen wird, kann eine bereits vorhandene Krankheit gelindert oder auch geheilt werden.

Mit Hilfe der Aura erhalten wir uns in einem Zustand natürlicher Gesundheit, wie beispielsweise durch das Einatmen frischer Luft, durch Aufenthalte in der Natur und den Austausch mit positiven Menschen. Selbstheilungen können von jedem vorgenommen werden, der seine Energien sammelt und negative Plätze und Menschen meidet.

Die Aura hat auch die Aufgabe, psychische und psychologische Gifte fortzuschwemmen, ähnlich wie die Nieren das Blut reinigen.

Die Klarheit, das Volumen und die Intensität der Aura liefern wichtige Hinweise auf die Gesundheit eines Menschen.

Die Aurahülle strömt und pulsiert wie eine Flüssigkeit um unseren Körper. Die Energiezentren innerhalb dieser Hülle nennt man Chakras. Diese Chakras vibrieren im Idealfall auf verschiedenen Frequenzen und sorgen dafür, daß ständig Energie aufgenommen, verbraucht und abgestrahlt wird.

Nicht immer sind alle Chakren geöffnet, weshalb es auch viele Methoden gibt, blockierte Energiezentren wieder zu öffnen. Nachdem nur wenige Menschen hellsichtig sind und Aura und Chakren visuell wahrnehmen können, ist der Tensor dafür eine große Hilfe.

Anhand des Tensors ist es möglich, beispielsweise Größe und Form der Aura festzustellen. Eine gute Meßmethode dafür ist, mit dem bewegten Tensor zu arbeiten. Beispielsweise hält man den Tensor nahe an die betreffende Person und stellt mental die Frage: "Befindet sich hier deine Aura?" Nun wird der Tensor in eine "Ja"-Bewegung übergehen. Ohne den Tensor zu stoppen, geht man von der Person langsam weg, bis das Gerät zu einer "Nein"-Aussage übergeht. Bis hierher reicht die Aura dieser Person an dieser Stelle. Um ein genaueres Gesamtbild zu erhalten, kann man die Aura nun systematisch an verschiedenen Stellen messen. An Einbuchtungen beziehungsweise Ausformungen kann der Kundige somit jetzt Rückschlüsse auf Gesundheit oder Psyche ziehen.

Beim Messen der Chakras hält man den Tensor vor das jeweilige Chakra und fragt mental: "Ist dieses Chakra geöffnet?" Bei einem geöffneten Chakra wird der Tensor in eine rotierende Bewegung übergehen, bei einem blockierten wird er sich nicht bewegen.

Abschließend noch einige Bemerkungen zur sogenannten Aurafotografie: Bei dieser Methode handelt es sich nicht um die Kirlianfotografie, sondern um ein technisches System, das verschiedene Körperwiderstände mißt und das Meßergebnis in Form von Farben rund um das Gesicht auf das Polaroidfoto projiziert. Die Farben auf dem Foto zeigen nicht die Farben der Aura, sondern sind technisch begründet. Trotzdem kann der erfahrene Diagnostiker aufgrund dieser Auswertung viele Rückschlüsse auf den momentanen Energiezustand ziehen. Nicht die Aussagekraft des Polaroidfotos ist für die Qualität einer Aurafotografie maßgeblich, sondern deren mehr oder weniger gute Deutung und Erklärung.

## Medizin und spirituelle Heilweisen

In keinem anderen Bereich gibt es soviel Für und Wider wie in der Medizin. Schon die Einteilung in „Schulmedizin“ und „Alternativmedizin“ ist eigentlich unverständlich. Medizin sollte dazu dienen, dem Menschen zu helfen, ausschließlich und uneingeschränkt. Das Gegeneinander der beiden Philosophien schafft Probleme, nicht nur für Patienten, sondern auch für Ärzte und Therapeuten.

Die Gesetzeslage ist verwirrend und undurchsichtig, von Land zu Land unterschiedlich und dadurch der Sache wenig dienlich.

Beide wollen „heilen“, die einen mit alten überlieferten und auch neu entwickelten Methoden, die anderen mit wissenschaftlich erforschten und statistisch belegten Konzepten.

Sicherlich haben es bei uns die so genannten „Schulmediziner“ viel leichter, abgesichert durch eine fundierte Ausbildung, unterstützt von einer Lobby aus Pharmaindustrie und milliardenschweren Kassensystemen leisten sie fraglos einen unschätzbaren Beitrag für unsere Gesundheit. Wenn man den heutigen Stand zum Beispiel der Chirurgie oder der Unfallmedizin sieht, weiß man, was hier Gigantisches geleistet wird. Selbstverständlich muss man aber auch sehen, welche Leistungen auf den Gebieten der so genannten „Alternativmedizin“ möglich sind. Behandlungen mit Bachblüten, Bioresonanz, Akupunktur, Farben, Edelsteinen, Ernährung, ... leisten für viele Patienten Enormes.

Das größte Problem ist hier, „Wann“ und „Was“. Es gibt keine eindeutige Antwort darauf, denn jeder muss für sich selbst entscheiden, wann er welche Therapie für sich in Anspruch nimmt. So entstehen wahrscheinlich die größten Probleme, denn wie kann ein Laie feststellen, welche Form der Behandlung für ihn die Bessere ist? Dazu kommt auch, dass man durch das teilweise Gegeneinander der beiden Heilmethoden mindestens zwei verschiedene Meinungen erhält. Schließlich zwingt einen die Gesetzeslage dazu, ausschließlich einem Arzt zu vertrauen und dessen Diagnose und Therapiekonzeption anzunehmen. Leider gilt bei uns nicht der Grundsatz „Wer heilt, hat Recht“, sondern „heilen“ darf ausschließlich ein Arzt. Beispielsweise würde ich eine benötigte Akupunktur lieber von jemandem machen lassen, der einige Jahre in China oder sonst einem für diese Art der Behandlung kompetenten Land praxisorientiert gelernt, als von einem Arzt, der ein Wochenendseminar für Akupunktur besucht hat. Andererseits würde es mich im Falle einer notwendigen Operation sehr beruhigen, wenn diese ein ausgebildeter Mediziner mit genügend Erfahrung durchführen würde und nicht ein Geistheiler mit Erfahrung in Papua-Neuguinea. Es geht um die Eigenverantwortung jedes Einzelnen. Wir selbst müssen entscheiden, welche Art von „Hilfe“ wir annehmen wollen und welche Art der Behandlung für uns die Beste ist. Natürlich kommt jetzt sofort der Einwand: „Wir sind doch Laien und keine Mediziner oder Therapeuten“. Das ist schon richtig, was aber hält uns davon ab, unsere Ansprechpartner in diesen Bereichen einmal nicht als „Gurus“ oder „Götter in Weiß“ zu sehen, sondern als fachliche Berater. Die meisten von uns sind ja auch keine Fachleute, was Technik betrifft, hier ist es selbstverständlich, einen oder mehrere Spezialisten, sprich Verkäufer, aufzusuchen und sich beraten zu lassen, welcher Videorecorder, Computer oder welches Auto für uns das Idealere ist. Wenn es um unsere Gesundheit geht, ist es jedoch üblich, sich einem einzigen Arzt, Heiler oder Guru voll anzuvertrauen und keine Alternativen zu suchen.

Zugegebenermaßen ist es natürlich bei unserer Gesundheit viel, viel schwieriger, selbst Entscheidungen zu treffen und dann auch noch dazu zu stehen. Außerdem kann man im Fall eines Fehlschlags immer die Schuld auf jemand anderen schieben. Der Arzt ist schuld, die Pharmaindustrie ist schuld, der Therapeut ist nur ein Scharlatan, usw., usw. Diese für unser Ego so wichtige Tatsache hindert uns, selbst über uns oder unsere Kinder zu entscheiden.

In vielen Fällen hat sich eine gewisse Form der „Mischtherapie“ durchgesetzt. Viele lassen sich schulmedizinisch behandeln und versuchen parallel dazu alternative Methoden wie Akupunktur, Bachblütentherapie oder Bioresonanz. Viele Ärzte und Naturheiler arbeiten Hand in Hand, um für das Wohl der Patienten zu sorgen. Ein meiner Meinung nach schwerwiegendes Problem sind wie so oft die so genannten Fanatiker, sowohl auf der einen wie auch auf der anderen Seite. So habe ich zum Beispiel in der Zeitung einen Artikel über einen Medizinkongress in Deutschland gelesen, auf dem Aussagen wie „Bachblütentherapie hat die selbe Wirkung wie ein Glas Wasser trinken“ oder „Es kann schon sein, dass es einem nach Einnahme eines homöopathischen Mittels besser geht, aber das liegt sicher nicht am Medikament“, getätigt wurden. Auf solche Aussagen passt am besten ein Spruch von Cicero: „Irren ist menschlich, im Irrtum verharren närrisch“.

Von Schulmedizinern tun solche Aussagen allerdings doppelt weh. Haben nicht gerade in der Schulmedizin die so genannten Querdenker ungeheure Fortschritte ermöglicht? Waren es nicht die sehr oft von Kollegen verhöhnten und ausgelachten Ärzte, die Meilensteine in der Medizin setzten? Denken wir zum Beispiel an den „Retter der Mütter“, Dr. Semmelweiß, den man als den Mann mit den Tierchen an den Händen verspottete, weil er sich vor den Untersuchungen die Hände desinfizierte.

Selbstverständlich gibt es dieses Phänomen auch in anderen Bereichen. Fanatiker haben in unserer Welt schon viel zerstört, egal ob in Politik, Religion oder eben Heilwesen. Man muss ihnen jedoch zu Gute halten, dass es oft nicht vorsätzlich, sondern nach bestem Wissen und Gewissen geschah und noch geschieht.

Eine äußerst erfolgreiche spirituelle Heilerin, die auch von Ärzten und gesellschaftlich hoch stehenden Personen konsultiert wurde, sagte vor ungefähr zwanzig Jahren zu einem mir bekannten, optisch kerngesunden, voll im handwerklichen Berufsleben stehenden Fünfundvierzigjährigem nach kurzem Blick auf seine Augen: „Wenn es einmal soweit steht, da kann ich auch nichts mehr tun!“ Diese Worte waren für den Mann ausschlaggebend für seine Zukunft. Alkohol, Frühpension, Selbstmordversuche, körperlicher und seelischer Verfall, viele Arztbesuche und wenig bis keine lebensbedrohenden Diagnosen. Heute, fünfundzwanzig Jahre später, lebt er immer noch und kann meiner Meinung nach nicht todkrank gewesen sein. Trotzdem hat diese Fehldiagnose unheimlich viel Negatives bewirkt. Keinesfalls möchte ich am Können oder an den Erfolgen dieser Frau zweifeln, aber man muss sich im Klaren sein, dass nichts auf der Welt hundertprozentig ist. Jeder, der glaubt, Diagnosen mit hundertprozentiger Sicherheit stellen zu können, irrt gewaltig. Egal ob in Schulmedizin oder im Alternativbereich - niemand ist unfehlbar.

Ein anderer Fall ist der durch alle Medien gegangene Fall „Dr. Hamer“. Ich kannte das Wirken Dr. Hamers schon lange vor dem Fall „Olivia“. Ein Querdenker, der durch einen Unfall seinen Sohn auf tragische Weise verloren hat, selbst an Prostatakrebs erkrankt ist, entwickelt eine Theorie, wie Krebs entsteht, und wie man ihn auf alternative Weise heilen kann. Ich kenne einen Fall, wo Dr. Hamer maßgeblich dazu beigetragen hat, dass einer Frau nicht beide Brüste amputiert werden mussten und sich diese heute bester Gesundheit erfreut. Dieser Mann versucht also jahrelang vergebens, einen Beitrag zur Krebstherapie zu leisten. Nach vielen Versuchen, seine Theorien wenigstens zu prüfen, entwickelt er sich zu einem fanatischen Hasser der Schulmedizin und behauptet, das ganze System sei ausschließlich auf Betrug und wirtschaftliche Hintergründe aufgebaut und er alleine hat mit seinen Naturgesetzen recht. Diese „Gurumanie“ führte letztlich zu dem Fall „Olivia“ und zu einer rechtskräftigen Verurteilung Dr. Hamers. So werden Ansätze zu guten Lösungen von Beteiligten aller Bereiche zerstört und übrig bleiben Leiden und Hass. Selbstverständlich gibt es aber auch sehr vernünftige Therapeuten. Viele Ärzte suchen bereits den zusätzlichen Weg in den alternativen Bereich und verbinden das universitäre und praktische Wissen mit einigen Bereichen der Esoterik.

Umgekehrt kenne ich auch einige Therapeuten, die bisher im Graubereich der Gesetze ihren Beruf ausgeübt haben und sich nun zum Heilpraktiker ausbilden lassen oder sogar Medizin studieren. Dies ist meiner Meinung nach überhaupt das Beste, um das Gegeneinander endlich zu einem Miteinander zu machen. Erst wenn man beide Seiten kennt, ist man in der Lage, das Thema einzuordnen und zu entscheiden, was Wissenschaft und was Unfug ist, und selbst hier werden viele verschiedene Meinungen herauskommen. Darum sollte jeder Arzt oder Therapeut tolerant sein, sollte seine Form der Heilung nach bestem Wissen und Gewissen betreiben, aber auch anderen Formen Chancen geben, sich zu entwickeln. Mit mehr Toleranz würde sich das Heilwissen schneller und besser entwickeln und es würde nicht soviel Unsicherheit bei uns Patienten hinterlassen.

Selbstverständlich ist mir klar, dass hier wirtschaftliche Notwendigkeiten eine nicht zu unterschätzende Rolle spielen. Jeder selbständig unternehmerische Mensch ist ja auch verantwortlich dafür, dass er ein gewisses Einkommen erzielt.

Lebensunterhalt für ihn und seine Familie, Miete, Buchhaltungs- und Steuerberatungskosten, Sprechstundenhilfen, Leasingraten für diverse medizinische Geräte usw. Das heißt aber, er muss einen gewissen „Umsatz“ erzielen. Im Dienstleistungsbereich Umsatz erzielen, bedeutet, dass man dafür eine bestimmte Zeit zur Verfügung haben muss. Genau hier beginnen aber Probleme, die dadurch verursacht werden, dass der Tag eben nur 24 Stunden hat. Für einen Arzt, der sowohl Schulmedizin als auch Alternativmedizin ausübt, hieße das, zwei Berufe ausüben zu müssen. Ausbildungen und Fortbildungsseminare, die in beiden Bereichen sehr aufwendig und zeitintensiv sind, gar nicht mitgerechnet. Wenn man diese Tatsachen bedenkt, muss man auch andere Wege suchen, um eine zufrieden stellende Lösung zu finden. Ein Thema sind „Fachärzte“ oder „Fachpraktiker“, die in Teilbereichen fachspezifische Therapien anbieten. Einfacher für den Patienten aber wären die so genannten „Gruppenpraxen“, wo man aus dem Angebot verschiedene Therapien auswählen bzw. sich beraten lassen kann. Wenn man jedoch bedenkt, dass in Österreich Gruppenpraxen noch verboten sind, auch wenn darin nur anerkannte Schulmediziner ordinieren, kann man sich vorstellen, wie lange es noch dauern wird, bis sich ein Miteinander von Schul- und Alternativmedizin entwickeln kann.

Man darf nicht vergessen, dass ein gigantisches wirtschaftliches Interesse hinter unserem Gesundheitssystem steckt. Die Pharmaindustrie produziert, der Arzt verschreibt und die Apotheke liefert. Wie wir alle wissen, leben alle drei relativ gut von diesem System. Das ist auch legitim und sollte nicht der Grund für ein negatives Urteil sein. Nur wenn jeder wirtschaftlich überleben kann, funktioniert auch das System selbst.

Bedenklich wird diese Situation spätestens dann, wenn man versucht, den freien Wettbewerb zu umgehen oder lukrative Monopole zu schaffen - und das passiert bei uns leider häufiger als man annimmt. Beispielsweise versucht man seit Jahren, die so genannte Bachblütentherapie, die sich ideal zur Selbstbehandlung eignet, dem Vertrieb über Pharmaindustrie, Arzt und Apotheke einzuverleiben.

Das war nicht immer so. So lange die Bachblütentherapie eine wirtschaftlich vernachlässigbare Größe darstellte, war sie für die Pharmaindustrie uninteressant. Nach einigen Jahren hat sich aber diese Art der seelischen Behandlung von Krankheiten so enorm entwickelt, dass es plötzlich auch eine sehr interessante Größenordnung für die Industrie geworden ist. Das Lachen hat aufgehört und jetzt versuchen genau diese Branchen, der Bachblütentherapie einen „medikamentösen" Touch zu geben und die Blütenessenzen in der Pharmaindustrie zu produzieren, ausschließlich vom Arzt verschreiben zu lassen und schließlich nur in Apotheken abzugeben.

Mit dieser Methode wäre es ganz einfach, sich dieses sicherlich lukrative Geschäft unter den Nagel zu reißen und sich dadurch Mitbewerber sowohl in der Dienstleistung als auch im Vertrieb vom Leib zu halten. In einigen Ländern ist es gelungen, in anderen nicht. Interessant an der Situation ist aber für mich, dass ausgerechnet in Ländern, wo diese Essenzen über die „Pharmaschiene" angeboten werden, der Konsument den bis zu dreifachen Preis zu bezahlen hat. Das Beratungsgespräch dazu noch gar nicht mitgerechnet, das bei einem ausgebildeten Mediziner aufgrund seiner Infrastruktur wesentlich teurer sein muss als bei einer Bachblütenberaterin. Ob die Qualität dieser Beratung bei einem Mediziner besser ist, bleibt dahingestellt. Zurück zum Preis des Präparates. Eine Bachblütenessenz kostete zum Zeitpunkt des Entstehens dieses Buches in England zwischen 4 und 5 Euro, in Österreich in der Apotheke zwischen 10 und 15 Euro. Um Unklarheiten zu vermeiden: es handelt sich dabei um ein und dasselbe Produkt derselben Firma in der Abfüllmenge von 10 ml. Beide Länder sind bekanntlich Mitglieder der Europäischen Union, womit Zoll oder diverse länderspezifische Gegebenheiten eine vernachlässigbare Größe darstellen dürften, von den Versandkosten abgesehen, die sich aber nur mit etwa 10 % des Verkaufspreises niederschlagen.

Anders verhält sich diese Vertriebsstrategie bei den homöopathischen Mitteln. Hier ist es gelungen, eine alternative Heilmethode, die heute noch von vielen belächelt wird, voll und ganz diesem System unterzuordnen. Die Präparate werden von der Pharmaindustrie erzeugt, vom Arzt verschrieben und ausschließlich (aus gesetzlichen Gründen) von der Apotheke vertrieben. Obwohl hier ab einer Dosis von über D23 kein einziges Molekül der Ursubstanz des Ausgangspräparats enthalten ist. Das heißt, rein physikalisch, dass man nur so genannte „Trägersubstanz“ verkauft. Selbstverständlich möchte ich hier nicht negativ über die Homöopathie urteilen, es überrascht mich aber doch sehr, dass Heilmittel, die im Sinne der Medizin gar keine Heilmittel sein können, plötzlich doch irgendwo als solche erkannt werden, nur weil der Produktions-, Selektions- und Vertriebsweg mit dem allgemeinen Verständnis von Medikamenten übereinstimmt. Eigentlich müsste jeder, der homöopathische Mittel über D23 verschreibt oder empfiehlt, als Esoteriker „geoutet“ werden. Selbstverständlich ist das nicht so. Viele Beispiele über die Wirkung von Homöopathika beweisen ja, dass man auch mit Hilfe von „Nur“-Schwingung enorme Erfolge erzielen kann. Und hier schließt sich der Kreis zwischen Schul- und Alternativmedizin, nämlich in dem Bewusstsein, dass es eigentlich schon ein Miteinander gibt. Teilweise von beiden Seiten noch nicht registriert, aber zum Wohl der Patienten sicherlich ein kleiner Schritt zu einer noch besseren, in einigen Bereichen sicherlich effektiveren menschlicheren Gesamtmedizin.

## Was ist Esoterik?

Es ist ein schwieriges Unterfangen, den Begriff der „Esoterik“ genau zu definieren. Genauso verhält es sich auch mit dem Begriff „Realität“. Realität ist für uns alles, was wir mit unseren fünf Sinnen wahrnehmen können. Alles, was wir hören, schmecken, tasten, riechen und sehen ist für uns real. Oder anders gesagt, alles, was die Mehrheit unserer Spezies mit den fünf Sinnen wahrnimmt, ist für uns real. Nehmen wir der Einfachheit halber einmal die Farbe des Himmels. Der Himmel ist bei klarem Wetter blau, logisch, werden Sie jetzt denken, aber wer sagt uns, dass jeder Mensch diese Farbe auch genau wie wir selbst als Blau sieht?

Ist es nicht möglich, dass jemand diese Farbe als grün sieht, aber als Kind gelernt hat, dass man zu dieser Farbe blau sagt? Natürlich sind diese Phänomene ausgiebig wissenschaftlich erforscht worden. Ich will damit nur aufzeigen, dass auch einfache logische Sinnesempfindungen nicht immer so real sein müssen, wie sie vordergründig scheinen. Freilich haben wir gelernt, damit umzugehen und es fällt im normalen Alltagsleben überhaupt nicht mehr auf, dass viele Dinge gar nicht so real sind. Dazu kommt natürlich auch unser sechster Sinn, das so genannte Spüren, nicht das Spüren im Sinne von Tasten, sondern das Spüren unseres Unterbewusstseins. Dieses Spüren ist in unserer westlichen Welt ein geheimnisvolles und mystisches Unterfangen, obwohl es unzähliges Beispiele gibt, dass dieses Spüren ein natürlicher Teil unseres so genannten Energiekörpers ist.

Ein anderes Beispiel ist etwa ein Buch. Real betrachtet ist ein Buch gebundenes Papier mit vielen Zeichen aus Druckerschwärze. Mehr könnte ein Analphabet wahrscheinlich nicht real darin sehen. Trotzdem wissen wir, dass ein Buch viel mehr ist als Papier und Druckerschwärze. Warum wissen wir das? Weil wir gelernt haben, diese Zeichen zur Kommunikation einzusetzen. Darum ist es für uns logisch, beim Lesen eines Buches den Sinn und Inhalt zu erfahren, oder anders gesagt, wir haben gelernt, „dahinter zu blicken" und uns so von der so genannten realen Hardware zur eigentlich für uns wichtigen Software durchzuarbeiten.

Hier beginnt meiner Meinung nach der heutige Begriff der Esoterik, „dahinter zu blicken" und auch reale Dinge zu hinterfragen und zu analysieren bzw. Dinge, die wir nicht mit unseren fünf Sinnen erfassen können, auf einen für uns logischen Nenner zu bringen, ohne abzuheben und geheimnisvoll mystisch über den Wolken zu schweben.

Wir kennen sicher die eine oder andere Geschichte, die wir meist als Märchen in den Bereich der Fantasie abschieben. Hier ein kleines Beispiel: Eine Kräuterhexe geht bei Vollmond um Mitternacht in den Wald, um auf einer Mondlichtung Kräuter zu sammeln. Die esoterische Betrachtung dieser Geschichte würde nach dem dahinter Blicken so aussehen: Eine Kräuterhexe (alle Frauen, die sich mit diesen Themen beschäftigen, werden ja nicht nur im Mittelalter als Hexen bezeichnet) geht bei Vollmond um Mitternacht (zu diesem Thema wissen wir heute, dass Kräuter zu diesem Zeitpunkt am „Vollsten im Saft" sind, d. h. die höchstmögliche Wirkung erzielen) auf die Waldlichtung. Warum ausgerechnet die Waldlichtung? Hier müssen wir etwas in die „Radiästhesie" bzw. „Geomantie" ausscheren. Wie man aus diesen Fachgebieten weiß, wachsen Bäume auf so genannten geopathisch belasteten Zonen nicht gut. Das heißt, dass dort, wo durch negative Einflüsse Bäume schlecht wachsen, eine natürliche Waldlichtung entsteht. Das heißt allerdings wiederum, dass die dort gedeihenden Pflanzen und Kräuter die Stärksten sind, die in der Natur vorkommen, sonst könnten sie auf diesem Platz nicht bestehen. Nach dieser Analyse sieht unser Märchen schon ganz anders aus. Unsere Hexe hat genau gewusst, warum sie ausgerechnet zu diesem Zeitpunkt an diesem gewissen Ort Kräuter sammelt. Der reale Beobachter wird dazu natürlich sagen „Unfug“ oder „Mystische Show“, der dahinter Blickende wird eine für ihn relativ logische Erklärung finden.

Selbstverständlich ist es nicht immer so einfach, Zusammenhänge logisch zu sehen, aber das einfache Ablehnen nicht verständlicher Dinge ist für einen Esoteriker nicht denkbar. Genauso wenig sollte es für ihn denkbar sein, auch noch so schöne Ansichten anderer ungeprüft anzunehmen.

## Ausklang

Die Beschäftigung mit Themen wie Energetik oder Esoterik birgt auch einige Gefahren in sich. Beispielsweise versuchen viele Sekten, mit diesen Themen neue Anhänger zu gewinnen.

Für viele Neueinsteiger wirken einfache energetische Beispiele so unglaublich, dass, von selbsternannten Gurus vorgeführt oder in Seminaren nähergebracht, Abhängigkeiten entstehen können. Man sollte vielen Dingen offen, aber auch kritisch gegenüberstehen und stets mit beiden Beinen am Boden bleiben.

Eine andere Gefahr sehe ich bei Personen, die mit einem Tensor umgehen, darin, dass diese sofort damit beginnen, am Menschen zu arbeiten, und alle möglichen Diagnosen stellen. Es ist sicher gut gemeint, und man will ja schließlich nur helfen. Dazu kommt noch, dass man auch sehr gut Diagnosen stellen kann. Trotzdem: Ohne medizinisches Hintergrundwissen sind solche Experimente gefährlich. Erstens besteht die Gefahr einer Fehlmessung, und zweitens ist niemandem mit einer Diagnose geholfen, wenn nicht auch eine Hilfestellung zur Therapie geboten werden kann.

Ohne diese therapeutische Unterstützung wird meist nur verunsichert und nicht wirklich geholfen. Ich will damit nicht sagen, dass nur Ärzte dafür zuständig sind. Freilich ist dies in Österreich gesetzlich gesehen der Fall, es gibt jedoch auch sehr gute Heilpraktiker oder Therapeuten, die aufgrund ihrer Erfahrung, oft auch nur in Teilbereichen, als ausgezeichnete Heiler anzusehen sind. Der Umgang mit dem Tensor allein ist für diese umfangreiche und verantwortungsvolle Tätigkeit sicher zu wenig.

Esoterik wird häufig mit Mystik, mit Sektenunwesen und Aberglauben in Verbindung gebracht. Es gibt solche Strömungen, die sich quer durch alle Religionen und Religionsgemeinschaften ziehen. Von globaler Sektiererei zu sprechen, finde ich aber überzogen.

Eines der wichtigsten Anliegen wirklich esoterisch denkender Menschen ist die Toleranz. Sie ist der Maßstab, an dem jede Gruppe gemessen werden sollte. Ich persönlich habe einen wertfreien Zugang zur Esoterik. Ich wurde katholisch getauft, die katholische Erziehung war bei mir aber nicht erfolgreich. Weder meine Eltern noch mein Religionslehrer schafften es, mich von religiösen Dingen zu überzeugen. Trotz meiner Dienste als Ministrant war ich schon in meiner Kindheit überzeugt, dass es weder Gott noch eine höhere Macht geben kann. Ich scheiterte an den vielen Fragen, die sich wohl jeder Mensch irgendwann gestellt hat: Warum soll nur »unser« Glaube der richtige sein? Warum lässt Gott Kriege zu? Für mein logisches Denken waren auch die Rituale der Kirche, wie Wasser weihen, Leute segnen, Kerzen anzünden und vieles mehr, realitätsfremd.

Erst sehr viel später, als ich mich wegen der Krankheit meiner Tochter mit Ganzheitsmedizin beschäftigte, wurden mir manche Zusammenhänge klar. Viele davon, auch Rituale und vorher von mir belächelte religiöse Themen, bekamen einen Sinn. Man nehme nur das Weihwasser: Der Ort der Zeremonie ist üblicherweise eine Kirche. Wie man weiß, wurden Kirchen seit Jahrhunderten auf sogenannten Kraftplätzen errichtet. In der Esoterik spricht man von starken positiven Energien, hervorgerufen durch radiästhetische Verhältnisse, aber auch kosmische Einflüsse. Hier zelebriert der Priester ein Ritual, in dem er, gedanklich getragen durch seinen Glauben und damit eine starke Energie erzeugend, diese Schwingung auf eine Trägersubstanz, in diesem Fall das Wasser, überträgt. Die in der Kirche anwesenden Gläubigen verstärken durch ihr Gebete die positive Schwingung. In der Esoterik würde man sagen, das Wasser wird positiv aufgeladen. Am Ende der Messe wird der Finger in das Weihwasser eingetaucht und durch das Kreuzzeichen auf einige Chakren aufgelegt. Durch dieses Öffnen der Chakren wird der energetische Körper funktionsfähiger, man fühlt sich ausgeglichen und besser.

Ob diese Sichtweise logischer ist wie die katholische Erklärung dieses Themas, sei dahingestellt. Es ist aber ein Beispiel dafür, dass gerade mystische Themen von mehreren Seiten betrachtet und analysiert werden können. Mir erscheint wichtig, dass es nicht nur die »eine« Wahrheit gibt, sondern mehrere, wobei jede zu respektieren ist. Ich verstehe eigentlich nicht, warum fast alle religiösen Organisationen solche Angst vor Menschen haben, die nicht genau in ihre Strukturen passen und manches aus einem anderen Blickwinkel sehen.

Zu guter Letzt möchte ich mich bei all jenen, die mich beim Schreiben dieses Buches und auch bei meiner bisherigen Arbeit unterstützt haben, recht herzlich bedanken.

## Der Autor:

Ernst Weberstorfer, geboren am 6. Juli 1955 in Altmünster am Traunsee im oberösterreichischen Salzkammergut, ist von Beruf Fernsehtechniker, widmete sich aber bald dem Verkauf und dem Marketing.

Als Mitbegründer eines Unternehmens im Bereich Naturprodukte und Natürlich-Gesundes Schlafen machte er erste Erfahrungen mit Radiästhesie und Baubiologie.

Durch eine Krankheit seiner Tochter lernte er eine neue Behandlungsmethode namens Bioresonanztherapie kennen. Hier setzte er sich im Diagnosebereich intensiv mit Tensoren auseinander.

Von diesem Wissen der Zusammenhänge und dem Forschungstrieb des Technikers geleitet, entwickelte er eigene Tensoren nach den neuesten Erkenntnissen der Energetik.

Heute produziert das Ehepaar Weberstorfer Tausende Tensoren und vertreibt diese vor allem an viele Therapeuten in vielen Ländern der Welt.

Mit Hilfe der Erfahrungen aus vielen Vorträgen und Seminaren beschreibt Ernst Weberstorfer in diesem Buch die vielseitigen Anwendungsmöglichkeiten von Tensoren in medizinischen wie in privaten Bereichen.

## Literaturhinweise

Stangl/Der Energiesensor, Econ
Höpfner/Einhandrute und Pyramidenenergie, Silberschnur
Treissman/Aura-Handbuch, Heyne
Grasse/Chakren- und Auradiagnose, Knaur
Nielsen/Pendel und Energiekörper, Heyne
Mann/Der feinstoffliche Körper, Windpferd
Weltzien/Praxisbuch der Esoterik, Goldmann
Kupfer/Suche nach Kraftplätzen und Störzonen, Konni Müller
Tepperwein/Die geistigen Gesetze, Goldmann
Graves/Pendel und Wünschelrute, Goldmann
Rossbach/Feng Shui, Knaur
Lübeck/Pendel-Handbuch, Windpferd
Nielsen/Magie des Pendels, Heyne
Mastny/Steine, die dem Menschen helfen, Orac
Haas/Radiästhesie, Pichler
Wormer/Heilkraft des Salzes, Südwest
Keymer/Bioenergie-Therapie, Jopp
Will/Bioresonanz-Therapie, Jopp

INVE Austria
Ganzheitliche Schwingungstechnik
J. Weberstorfer,
A-4801 Traunkirchen,Koglstraße 1
Tel.: 0043-(0)7617-20013 Fax: 0043-(0)7617-20013-4
E-Mail: inve@netway.at Homepage: http://www.inve.at

Die in diesem Buch beschriebenen und abgebildeten Produkte erhalten Sie bei Medizintechnikfirmen, im esoterischen Fachhandel oder direkt bei

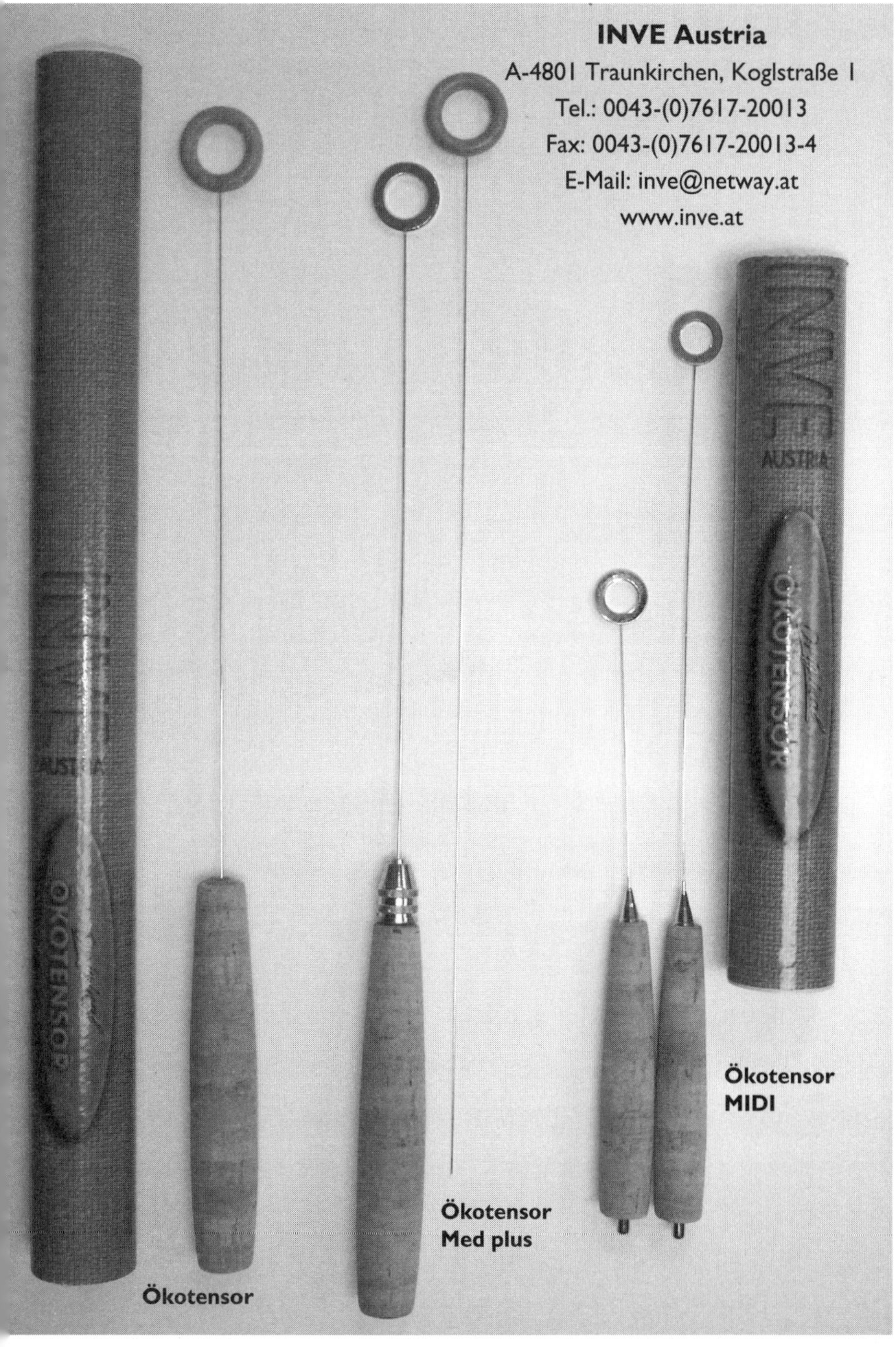

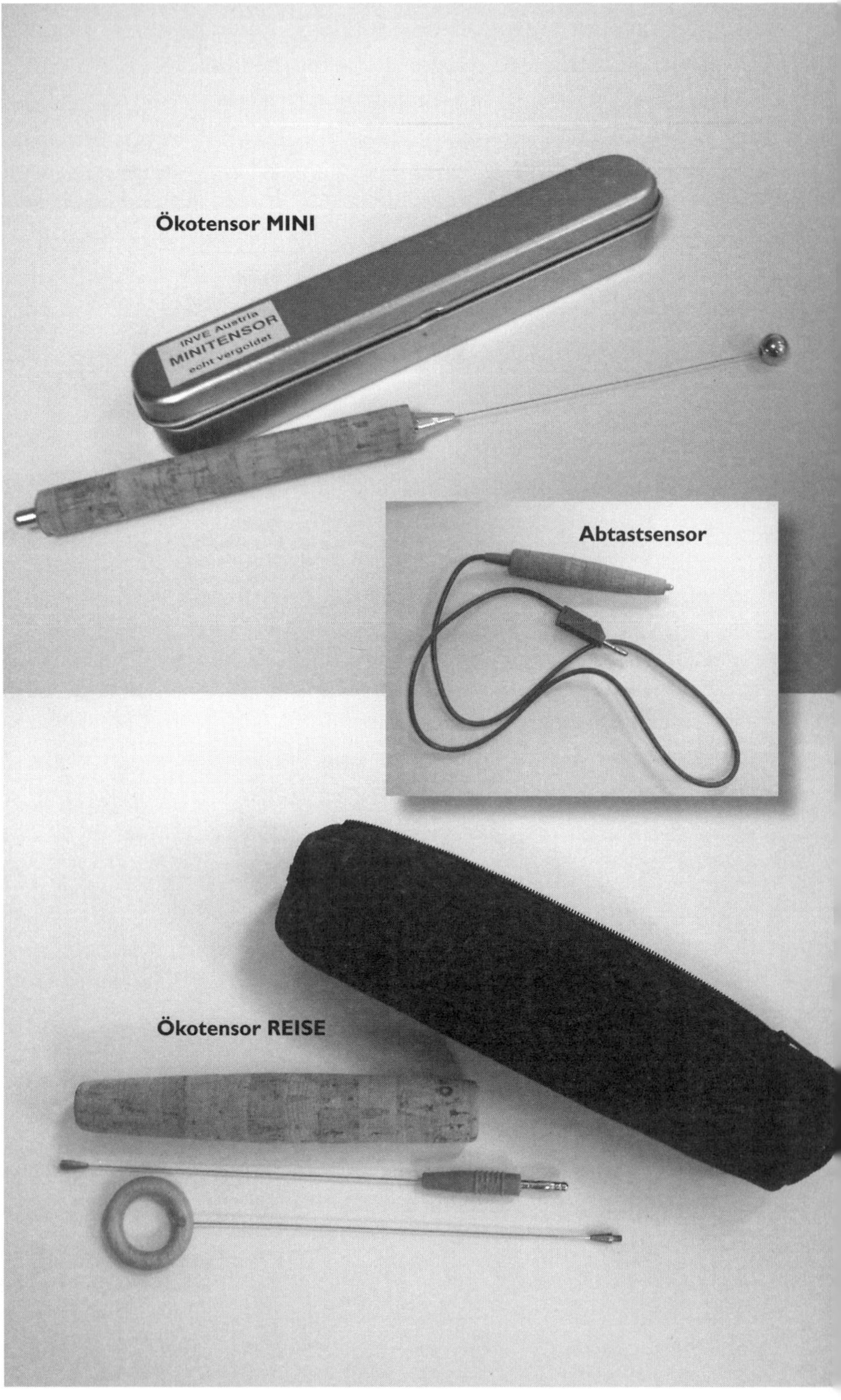
Ökotensor MINI
INVE Austria
MINITENSOR
echt vergoldet
Abtastsensor
Ökotensor REISE